Sitzungsberichte
der Akademie der Wissenschaften
der DDR
Mathematik – Naturwissenschaften – Technik

2 N

1987

Brügmann/Mohnke/Lohs

Ausgewählte Fragen der Meeresökologie

AKADEMIE-VERLAG BERLIN

Sitzungsberichte
der Akademie der Wissenschaften
der DDR
Mathematik – Naturwissenschaften – Technik

Jahrgang 1987 · Nr. 2/N

Brügmann / Mohnke / Lohs

Ausgewählte Fragen der Meeresökologie

AKADEMIE-VERLAG BERLIN
1987

Vorträge aus der gemeinsamen Sitzung
der Klassen Geo- und Kosmoswissenschaften
und Chemie der Akademie der Wissenschaften
der DDR am 23. Januar 1986

Herausgegeben im Auftrage
des Präsidenten der Akademie
der Wissenschaften der DDR
von Vizepräsident Prof. Dr. Heinz Stiller

ISBN 3-05-500381-0
ISSN 0138-3965

Erschienen im Akademie-Verlag Berlin, DDR-1086 Berlin, Leipziger Str. 3-4

Lizenznummer: 200 · 100/365/87
Printed in the German Democratic Republic
Gesamtherstellung: VEB Druckhaus Köthen
LSV 1375
Bestellnummer: 763 743 9 (2010/87/2/N)
000600

Inhalt

Lutz Brügmann

Zum Grad der Kontamination der Meeresumwelt mit Spurenmetallen, Erdölprodukten und einigen Xenobiotika unter besonderer Berücksichtigung der Ostsee

Einleitung

Zur Befriedigung seiner sich ständig verändernden und wachsenden Bedürfnisse hat der Mensch auf seine natürliche Umwelt einen teilweise irreversiblen Einfluß genommen. Er ist dabei zu einem signifikanten Faktor in globalen Dimensionen geworden. Das spiegelt sich u.a. auf klimatologischem (z.B. durch Veränderungen der Energie- und Wasserbilanz) und auf geologischem Gebiet (z.B. durch eine Beschleunigung von Abrasions-, Erosions- und Verwitterungsprozessen, durch das Verklappen von Industrieabfällen und Klärschlämmen in Größenordnungen von zig Millionen Tonnen oder auch durch ausgedehnte Baggerarbeiten) wider. Viele dieser Einflüsse betreffen unmittelbar oder indirekt die Meeresumwelt. Die in der Vergangenheit überwiegend von „Beherrschen der Natur" oder „Wachstum um jeden Preis" -Standpunkten geprägten Technologien blieben folgerichtig nicht ohne negative Rückwirkungen. Während in der terrestrischen Umwelt diese Folgen schon vor Jahrhunderten sichtbar wurden, glaubte man häufig noch bis vor wenigen Jahren an eine unbegrenzte „Selbstreinigungskraft" bzw. ein „Assimilationsvermögen" des Weltmeeres. Waren die in Küstenbereichen eingebrachten Verunreinigungen zu offensichtlich, wurde in dieser „naiven Phase" nach der Devise „Dissolution is the best solution for pollution" einer Politik der „verlängerten Schornsteine"* vertraut.

Unter den Kategorien der Meeresverschmutzung („Pollution"**) nehmen Erdölprodukte, xenobiotische halogenierte Kohlenwasserstoffe und Spurenmetalle nach Produktions- und Anwendungsumfang, Eintrag in das Meer, Persistenz und möglichen Effekten berechtigterweise einen vorderen Platz ein (Tabelle 1). Perspektivisch rücken

* Am Ende des 19. Jahrhunderts wurden New Yorks Abfälle noch direkt in den Hudson River gegeben, in den 20er Jahren dieses Jahrhunderts wurde ein Verklappungsgebiet in 12 Seemeilen Entfernung von der Küste und in den 80er Jahren das „106 miles dump site" in der New York Bight in Betrieb genommen.

** Als „Pollution" wird die unmittelbare oder mittelbare Zuführung von Stoffen oder Energie durch den Menschen in die Meeresumwelt – einschließlich der Ästuarbereiche – bezeichnet, die eine Gefährdung der menschlichen Gesundheit, eine Schädigung mariner Lebewesen, eine Behinderung der Arbeiten auf See, eine Beeinträchtigung des Gebrauchswertes des Meerwassers oder eine Verringerung der Annehmlichkeiten der Umwelt hervorruft (GESAMP IMO/FAO/UNESCO/WMO/WHO/IAEA/UN/UNEP Joint *G*roup of *E*xperts on the *S*cientific *A*spects of *M*arine *P*ollution).

Gefährdungen durch künstliche Radionuklide, Detergenzien und die mikrobielle Verunreinigung möglicherweise mehr ins Blickfeld. Die „thermale Verunreinigung" hat nur lokale Bedeutung. Das Einbringen unästhetisch wirkender fester Abfälle wäre sicherlich nach Vorliegen entsprechender internationaler Vereinbarungen über Grenzwerte und angedrohte Sanktionen in absehbarer Zeit kontrollierbar.

Spektakuläre Tankerkatastrophen und „blow-outs" von Ölquellen in den Schelfgebieten, die in der Vergangenheit häufig Schäden in Milliardenhöhe und durch die damit verbundene „Ölpest" den Tod hunderttausender von Seevögeln und anderen Meeresorganismen verursachten, stellen nach Meinung einer breiten und jetzt sensibilisierten Öffentlichkeit nur die Spitze des Eisberges einer permanenten Bedrohung der Meeresumwelt durch Erdölrückstände dar. Massenvergiftungen durch ins Wasser eingebrachte Metalle wie Quecksilber („Minamata-Krankheit") oder Cadmium („Itai-Itai-Krankheit") legten überdies die Vermutung nahe, daß diese Schadstoffkategorie eine Vielzahl subtoxischer, bisher nicht als solche erkannter Effekte für den Menschen, die Meeresorganismen und/oder die Funktionen und Struktur des marinen Ökosystems hervorrufen. Ähnlich verdächtigt wurden die Chlorkohlenwasserstoffe, da signifikant negative Korrelationen beispelsweise zwischen dem Reproduktionsvermögen von Seevögeln oder Meeressäugern und ihrem Gehalt an polychlorierten Biphenylen (PCB) oder DDT in verschiedenen Gebieten des Weltmeeres festgestellt wurden.

Tabelle 1 Kategorien der Meeresverschmutzung

1. Erdölkohlenwasserstoffe
2. Chlorierte Kohlenwasserstoffe (Xenobiotika)
   - Industriechemikalien (z.B. PCB, PCT)
   - Biocide (z.B. DDT, HCHs, HCB, PCC)
   - Sekundär (reaktions)produkte (z.B. PCDD, PCDF)
3. „Schwer"metalle (Hg, Cd, Pb, Cu, As; Zn, Se, Cr, Sn ...)
4. Detergenzien (nichtionogene, kation- und anionaktive, bes. Abbauprodukte)
5. Radionuklide ($^{238,239,240}Pu$, ^{137}Cs, ^{90}Sr, ^{3}H ...)
6. Bakterielle Verseuchung (z.B. Cholera, Hepatitis, Diarrhöe ...)
7. Hypernutrifikation (N- und P-haltige Abwässer)
8. Sauerstoffzehrende organische Verbindungen
9. Thermische Belastung (durch Kernkraftwerke)
10. Feste Abfälle (schwimmfähig, schwer zersetzbar, z.B. Plastebehälter, Glasflaschen u.a.)

PCB – Polychlorierte Biphenyle
PCT – Polychlorierte Terphenyle
PCC – Polychlorierte Camphene (z.B. „Toxaphen")
PCDD – Polychlorierte Dibenzo-dioxine
PCDF – Polychlorierte Dibenzo-furane
HCHs – Isomere des Hexachlor-cyclo-hexans
HCB – Hexachlor-benzen
DDT – Dichlor-diphenyl-trichloräthan

Die nicht zuletzt aufgrund einer zunehmenden Besorgnis der Öffentlichkeit über den Zustand ihrer Umwelt einberufene erste „United Nations Conference on the Human Environment" (Stockholm, 5.–16. Juni 1972) stellte in ihrer Deklaration zu Prinzip 7 fest, daß „... die Staaten alle möglichen Schritte unternehmen sollen, um die Verschmutzung des Meeres mit Substanzen zu verhindern, die eine Gefahr für die menschliche Gesundheit, eine Schädigung der lebenden Ressourcen und des menschlichen Lebens, eine Verminderung der Annehmlichkeiten oder eine Beeinträchtigung eines anderen legitimen Gebrauchs des Meeres darstellen können." In Empfehlung Nr. 73 des in Stockholm angenommenen Aktionsplanes wurde empfohlen, daß „... die Regierungen aktiv internationale Programme unterstützen und an ihnen mitarbeiten, durch die Erkenntnisse für eine Einschätzung der Quellen, Ausbreitungswege, Umgebungsverhalten und Risiken durch Schadstoffe gewonnen werden sollen ...". Im Ergebnis der Umweltkonferenz beschloß die UN-Generalversammlung, ein Umweltprogramm (UNEP) ins Leben zu rufen, das „... als Ausgangspunkt für Umweltschutzmaßnahmen und zur Koordination innerhalb des UN-Systems dienen sollte." (Resolution 2997-XXVII- der UN-Generalversammlung vom 15. 12. 1972). Die „Ozeane" wurden vom UNEP-Führungsgremium als eines der Gebiete angesehen, denen vorrangig Aufmerksamkeit zu schenken sei, mit dem Ziel, die katalytische und koordinierende Funktion von UNEP auszuüben. Da die Meeresverunreinigung zuerst und am auffälligsten in Rand- und Nebenmeeren sowie in Küstengebieten in Erscheinung trat, wurde bereits 1974 durch UNEP ein Regionalprogramm initiiert. Die nacheinander in dieses Programm (UNEP's „Regional Seas Programme") einbezogenen 11 Seegebiete, für die jeweils spezifische Aktionspläne und -zentren errichtet wurden, beinhalten bisher die Küstenregionen des Süd- und Südostpazifiks, die Karibik, die ost- und südostasiatischen Meere, die west- und zentral- sowie ostafrikanischen Seegebiete, das Rote Meer und den Golf von Aden, die „Kuwait-Region" einschließlich des Persischen Golfes sowie das gesamte Mittelmeer (Abb. 1).

Mehrere internationale Abkommen berücksichtigen bereits Aspekte der Meeresverschmutzung bzw. rücken deren Vermeidung in den Mittelpunkt ihres Anliegens (Tabelle 2). Bereits in der Phase ihrer Ausarbeitung wurden die Kenntnislücken über den Zustand der Meeresumwelt deutlich. Dadurch wurde ein weiterer Anstoß gegeben, um weitere wissenschaftliche Programme zur Lösung dieser offenen Probleme ins Leben zu rufen.

Gegenwärtig gibt es von UNEP und WMO unterstützte Bemühungen, ein globales Ozeanmonitoring-System („Integrated Global Ocean Monitoring" – IGOM) zu etablieren, das zur weiteren Integration der verschiedenen Regionalprogramme beiträgt und durch eine zweite Komponente von kontinuierlichen und sehr komplexen Beobachtungen im offenen Ozean erstmalig vergleichbare Aussagen zum Zustand des gesamten marinen Ökosystems ermöglicht. IGOM wäre damit die ozeanische Komponente von UNEP's „Global Environmental Monitoring System" (GEMS).

Auch auf dem Gebiet des Umweltrechts wurden Fortschritte erzielt. Mit den im Rahmen des UNEP ausgearbeiteten „Montrealer Richtlinien zum Schutz der Meeresumwelt vor von landseitigen Quellen ausgehender Verschmutzung" (Annahme

19. 4. 1985) werden z. B. den Staaten konkrete Empfehlungen zur Ausarbeitung innerstaatlicher Rechtsvorschriften und zur Gestaltung regionaler Kooperationsbeziehungen gegeben (HUGLER, 1986).

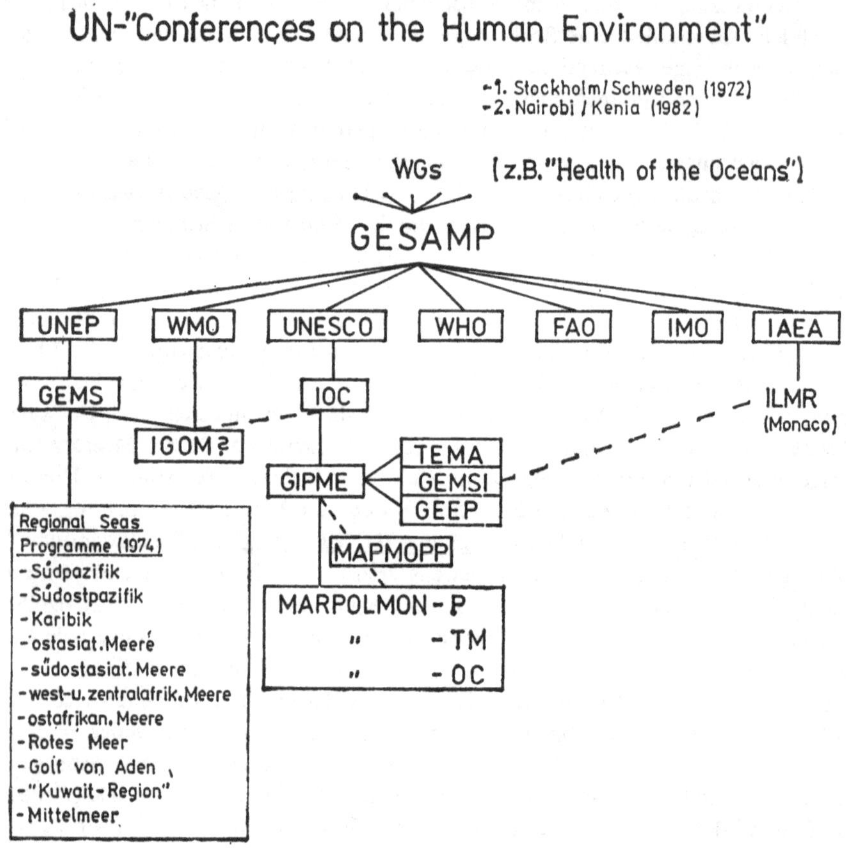

Abb. 1 Schema internationaler Organisationen und ihrer Programme zur Untersuchung des Zustandes der Meeresumwelt

GEEP	– Group of Experts on Effects of Pollutants
GEMS	– Global Environmental Monitoring System
GEMSI	– Group of Experts on Methods, Standards and Intercalibration
GIPME	– Global Investigation of Pollution in the Marine Environment
IGOM	– Integrated Global Ocean Monitoring
ILMR	– International Laboratory on Marine Radioactivity
MAPMOPP	– Marine Pollution (Petroleum) Monitoring Pilot Project
MARPOLMON	– Marine Pollution Monitoring (P – Petroleum), (TM – Trace Metals), (OC – Organochlorines)
TEMA	– Training, Education and Mutual Assistance

Tabelle 2 Internationale Abkommen zur Verhütung der Verschmutzung („Pollution") des Meeres (Kurzbezeichnungen)

	Region	Ratifiziert durch die DDR
1. Verhütung der Ölverschmutzung (London, 1954, 1962)	global	1979
Zusatz über Haftungs- und Entschädigungsfragen (Brüssel, 1969, 1971)	global	1978, 1979
2. Verbot von Nukleartests in der Atmosphäre, im Kosmos und im Wasser (Moskau, 1963)	global	1963
3. Einbringen von Abfällen ins Meer durch Schiffe und Luftfahrzeuge (Oslo, 1972)	NO-Atlantik, incl. Nordsee (ohne Territorialgewässer)	
4. Einbringen von Abfällen und anderen Stoffen (London, 1972) („London-Dumping-Convention"' – LDC)	global	1976
5. Verschmutzung durch Schiffe (London, 1973) geändert durch Protokoll 1978 („MARPOL")	global	1984
6. Konvention zum Schutz der Meeresumwelt des Ostseegebietes (Helsinki, 1974, „Helsinki-Konvention")	Ostsee	1980
7. Verschmutzung von landseitigen Quellen. (Paris, 1974)	NO-Atlantik, incl. Küstengewässer	
8. Verbot militärischer und feindseliger Mittel zur Einwirkung auf die Umwelt (New York, 1976)	global	1978
9. Barcelona-Konvention (Barcelona, 1976) („Aktionsplan zum Schutz des Mittelmeers"- MEDPOL)	Mittelmeer	
10. Zusammenarbeit in nordwestatlantischen Fischereigebieten (Ottawa, 1978)	NW-Atlantik	1979
11. Weitreichende grenzüberschreitende Luftverunreinigungen (Genf, 1979)	global	1983
12. Schutz der lebenden Meeresressourcen der Antarktis (Canberra, 1980)	Antarktis	1982

Im Rahmen der Zwischenstaatlichen Ozeanographischen Kommission (IOC) der UNESCO gibt es ebenfalls seit nunmehr 10 Jahren dokumentierte Bestrebungen zur Durchführung von Untersuchungen über den Verunreinigungszustand des Weltmeeres. Ein umfassender Plan zu globalen Verschmutzungsuntersuchungen in der Meeresumwelt (GIPME) stellt einen wissenschaftlich begründeten Ansatz dafür dar, in dem mehrere diskrete, aufeinanderfolgende und iterative Etappen vorgeschlagen werden (IOC, 1976). Erste Schritte, wie internationale Vergleichsmessungen und Trainingskurse zu Spurenmetallen und chlorierten Kohlenwasserstoffen im Meerwasser und zu Erdölprodukten in der Oberflächenmikroschicht (Bermudas, 1980 und 1984), wurden bereits absolviert. Auch ein Pilot-Programm (MAPMOPP) zu visuell identifizierbaren „Ölslicks", zu Erdölverbindungen im Wasser und in der Mikroschicht sowie zu „tar-balls" an Stränden wurde bereits durchlaufen. Die aus wissenschaftlich-methodischer Sicht durchaus bereits gegenwärtig realisierbaren Grundlagenuntersuchungen zu Erdölkomponenten (MARPOLMON-P) und zu Metallen (MARPOLMON-TM) wurden jedoch bisher aus unterschiedlichen Gründen noch nicht aufgenommen. Nach Einschätzung einer Expertengruppe (GEMSI) bedarf die entsprechende Chlorkohlenwasserstoff-Komponente noch weiteren methodischen Vorarbeiten, die jedoch 1986 abgeschlossen werden könnten (IOC, 1984).

Rand- bzw. intrakontinentale Nebenmeere des Atlantiks wie die Nord- und Ostsee, die fast ausnahmslos von hochindustrialisierten Anliegerstaaten mit zahlreichen leistungsfähigen meereswissenschaftlichen Einrichtungen umgeben sind, bedurften zur Aufnahme verschmutzungsorientierter Untersuchungen keines katalytisch-koordinierenden Einflusses, wie z.B. durch ein UNEP-Regionalprogramm. Außerdem zählen beide Meere auch zum Arbeitsgebiet des Internationalen Rates für Meeresforschung (ICES), einer traditionsreichen meereswissenschaftlichen Organisation*, die sich seit mehr als einer Dekade neben Fragen der Bewirtschaftung der Fischressourcen und der Ozeanographie zunehmend Verschmutzungsproblemen zuwendet

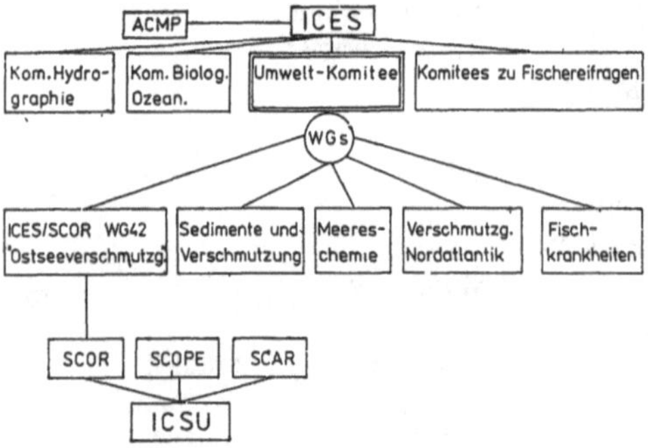

Abb. 2 Auswahl umweltorientierter Struktureinheiten des Internationalen Rates für Meeresforschung (ICES) und des ICSU-Systems

ACMP – Advisory Committee on Marine Pollution
ICES – International Council on the Exploration of the Sea
ICSU – International Council on Scientific Unions
SCAR – Scientific Committee on Antarctic Research
SCOPE – Scientific Committee on Problems of the Environment
SCOR – Scientific Committee on Oceanic Research

* Sitz: Kopenhagen/Dänemark; Mitglieder: 18 Nordatlantikanrainer; Gründung: 1902

(Abb. 2). Mit der 1974 in Helsinki abgeschlossenen und 1980 von allen Anliegerstaaten ratifizierten „Konvention über den Schutz der Meeresumwelt des Ostseegebietes", die z.B. das Verklappen industrieller und kommunaler Abfälle auf See grundsätzlich untersagt, wurde für die Ostsee ein wirkungsvolles Instrument zu ihrer Überwachung und zu ihrem Schutz installiert. Obgleich die Nordsee bereits Konventionsgebiet mehrerer internationaler Abkommen zu Meeresverschmutzungsfragen ist („London-", „Paris-" und „Oslo-Konvention", siehe Tabelle 2) und bereits Überwachungssysteme zu den genannten drei Schadstoffklassen und zu Radionukliden geschaffen wurden, gibt es von der BRD initiierte Bemühungen, eine zusätzliche Vereinbarung der Nordseeanrainer zu treffen, die bezüglich der Kontroll- und Hoheitsrechte der überwachenden Einrichtungen und Küstenstaaten die Ostseekonvention teilweise übertreffen könnte. Auf der ersten „Nordseeschutzkonferenz" (Bremen/BRD, 1984) wurde dieses Ziel aufgrund unterschiedlicher Interessenlagen der Anrainerstaaten nicht erreicht. Im Rahmen einer für 1987 in Großbritannien geplanten Folgekonferenz sind jedoch konkretere Vereinbarungen möglich.

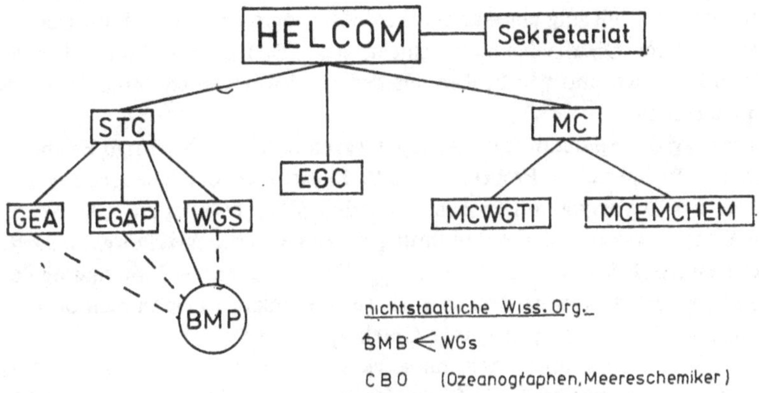

Abb. 3 Umweltorientierte Organisationsstruktur zur „Ostseekonvention" und zwei nichtstaatliche Wissenschaftsorganisationen zur Ostseeforschung

BMB	– Baltic Marine Biologists
BMP	– Baltic Monitoring Programme
CBO	– Conference of Baltic Oceanographers
EGS	– Expert Group on Co-operation in Combatting Matters
EGAP	– Group of Experts on Airborne Pollution
GEA	– Group of Experts on Assessment
HELCOM	– Helsinki Commission
MC	– Maritime Committee
MC/EM CHEM	– Group of Experts on the Application of Regulation 5 of Annex IV
MC/WGTI	– Group of Experts on a Traffic Information System
STC	– Scientific-Technological Committee
WGS	– Working Group on Criteria and Standards

Das 1980 von der Helsinki-Kommission (HELCOM) zur „Ostseekonvention" ins Leben gerufene Monitoring-Programm (BMP) umfaßt international koordinierte Untersuchungen der Anliegerstaaten zu hydrographisch-chemischen und biologischen Hintergrundparametern (Abb. 3). Die in den Anlagen der Konvention als „schädlich" bzw. „gefährlich" deklarierten Metalle, chlorierten und Erdölkohlenwasserstoffe blieben aufgrund der noch unzureichenden methodischen Basis anfangs ausgeklammert bzw. wurden, auf freiwilliger Basis, für die Untersuchung von Organismen in Pilotform empfohlen. In die 1985 begonnene zweite Phase des BMP wurden dann erstmalig Ölmessungen im Wasser als verbindlich aufgenommen.

Untersuchungen am Institut für Meereskunde (IfM) der AdW der DDR zum Verunreinigungsproblem der Ostsee

Die im Rahmen eines Forschungsthemas am IfM aufgenommenen Schadstoffuntersuchungen haben das Ziel, einen wissenschaftlichen Vorlauf bei der Einschätzung des Verunreinigungszustandes der Ostsee und angrenzender Gebiete zu erarbeiten. Dazu wurde die Durchführung eines komplexen Meßprogramms unter Einbeziehung des Meerwassers, der Oberflächenmikroschicht, des suspendierten Materials, von Organismen, Sedimenten und von Proben aus der oberflächennahen Atmosphäre als erforderlich angesehen.

Zur Realisierung der Spurenmetallmessungen waren bereits mehrjährige Erfahrungen vorhanden. Zu speziellen Fragen, wie z.B. hinsichtlich der Verwendung von Radionukliden zur Datierung von Proben aus Sedimentkernen oder zur Charakterisierung von Wassermassen und zur Einführung neuer Extraktionsverfahren bedurfte es der nationalen (BAF/Sektion Physik, Freiberg; SAAS, Berlin) und internationalen Kooperation (Institute of Marine Research, Helsinki/Finnland; Department of Analytical and Marine Chemistry, Universität Göteborg/Schweden).

Angeregt durch die Zusammenarbeit mit sowjetischen Instituten verfügt das IfM ebenfalls bei der Ölanalytik durch die Infrarotspektroskopie (Messungen am ZIOC/Bereich Komplexkatalyse, Rostock) seit Beginn der 70er Jahre über erste Erfahrungen. Seit etwa 6 Jahren werden die erforderlichen Messungen mittels der UV-Fluoreszenzspektroskopie mit einer auch für sehr niedrige Hintergrundkonzentrationen ausreichenden Empfindlichkeit am Institut für Arzneimittelwesen, Berlin-Weißensee, durchgeführt.

Untersuchungen zum Gehalt von Ostseewasser- und Planktonproben an chlorierten Kohlenwasserstoffen (PCB, DDT) wurden 1976 in Kooperation mit dem BHI Rostock aufgenommen. Die dabei erhaltenen Meßwerte fanden, wie auch die Spurenmetall- und Öldaten, Eingang in die im Rahmen der HELCOM erarbeiteten ersten Zustandseinschätzung für die Ostsee [MELVASALO u.a., 1981]. Mit der Forschungsstelle für chemische Toxikologie der AdW der DDR, Leipzig (FcT) wurde in der Folgezeit ein Partner für diese Untersuchungen gewonnen, der über die erforderliche leistungsfähige Analytik und langjährige Erfahrungen verfügt.

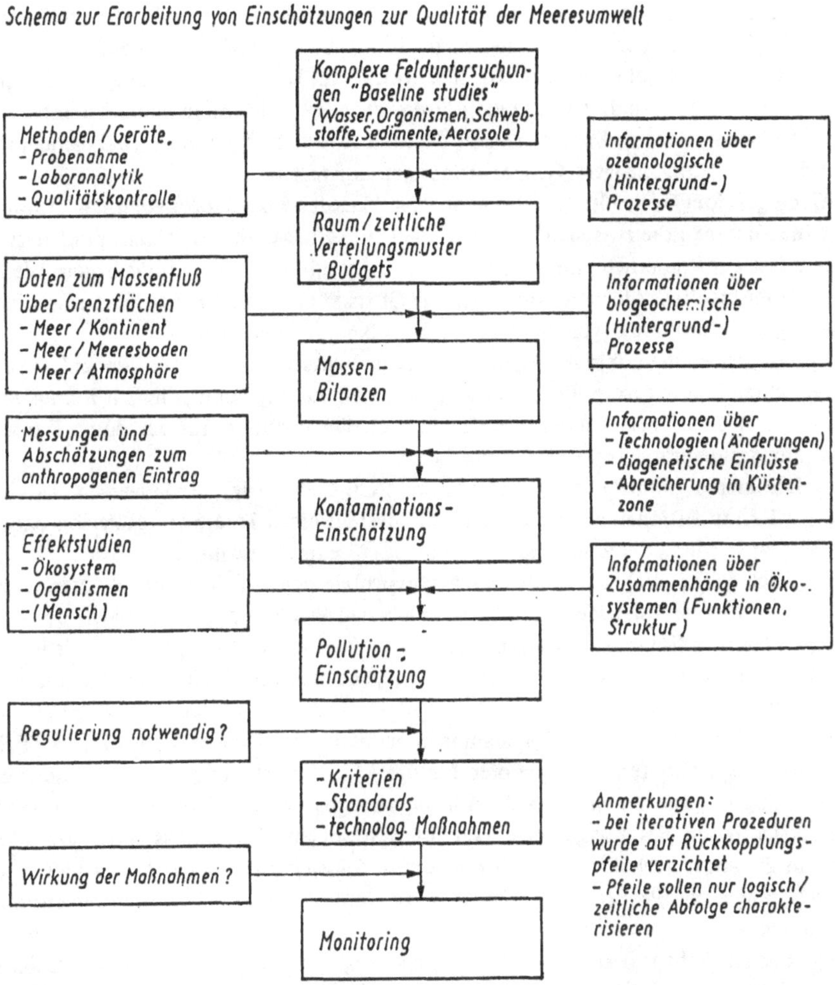

Abb. 4 Schema zur Erarbeitung von Einschätzungen zum Grad der Belastung der Meeresumwelt mit Spurenmetallen, chlorierten und Erdölkohlenwasserstoffen

Die erste und oft wichtigste Etappe zur Erarbeitung einer Zustandseinschätzung bildet nach Abbildung 4 die Entwicklung, Übernahme oder Anpassung problemadäquater Methoden für die verfälschungsfreie Entnahme sowie genaue und richtige Analyse der drei Stoffgruppen. Als Fehlerquellen treten hier in erster Linie Beeinflussungen durch völlig ungeeignete und/oder nur unzureichend gereinigte Probenahme- und -aufbewahrungsgefäße auf. Auch der Erkenntnis, daß das Forschungsschiff selbst eine oft unterschätzte Kontaminationsquelle darstellt, galt es Rechnung zu tragen. Das geschah durch eine Probenahme vom Schlauchboot in Luvseite vor dem Schiff und durch die Verwendung von Eigenbau-Schöpfern, die in geschlossenem

Zustand die Wasseroberfläche passieren bzw., wie Glaskugelschöpfer für organische Schadstoffe, erst in der gewünschten Tiefe (10–4000 m) geöffnet werden.

Einige Beispiele sollen illustrieren, daß trotz zum Teil hoher Genauigkeit der abschließenden Laboranalysen die Qualität der erhaltenen Meßwerte durch Fehler bei der Probenahme mangelhaft war, d.h. positive Abweichungen vom „wahrscheinlich wahren Wert“ um mehrere Größenordnungen auftraten:

a) Ungeachtet der vielfach dokumentierten Zunahme einer Belastung der Umwelt mit Blei, nahmen die zwischen 1940 und 1980 zum Bleigehalt des Ozeans publizierten Werte fast kontinuierlich von etwa 10000 auf 1–3 ng/l ab. Deutlich niedrigere Werte wurden innerhalb der letzten Jahre auch für Quecksilber (von mehr als 30 auf weniger als 1 ng/l) und für Zink (von rund 10 auf etwa 0,6 μg/l) berichtet.

b) Werden einige der zum Ölgehalt des Ostseewassers Anfang der 70er Jahre veröffentlichten Werte extrapoliert, kommt man zu einem unglaublich hohen Betrag von mehr als 50 Millionen Tonnen, der in einer Größenordnung mit der durch Tanker pro Jahr darauf transportierten Menge liegt.

c) Die ersten publizierten Angaben zum PCB-Gehalt des Ozeanwassers hätten, wie aus Extrapolationen ersichtlich wird, mindestens eines Totaleintrags der bis dahin produzierten Mengen dieser Chemikalie in das Weltmeer bedurft.

Obgleich es sich aufgrund fehlender Archivproben heute nicht mehr rekonstruieren und kontrollieren läßt, scheinen diese Beispiele deutlich zu belegen, daß viele der früher gemessenen Spurenstoffkonzentrationen falsch waren. Sie spiegelten nicht die Verhältnisse in der Umwelt, sondern überwiegend nur die durch Schöpfgeräte verursachten Blindwerte wider.

Die im Rahmen unserer Untersuchungen genutzten Probenehmer, wie z.B. PTFE- und Glaskugelschöpfer, Netzschöpfer für die Mikroschicht oder ein Stechrohr zur Gewinnung ungestörter und scheibenförmig zerlegbarer Schlickkerne, wurden unter Berücksichtigung des fortgeschrittenen internationalen Erkenntnisstandes am IfM bzw. in Zusammenarbeit mit der FcT gefertigt. Sie sichern offenbar eine weitgehend verfälschungsfreie Probenahme wie u.a. aus internationalen Vergleichsmessungen ersichtlich wurde.

Der nächste Schritt bestand in einer Absicherung der Qualitätskontrolle von Labordaten. Dazu wurden die im nationalen und internationalen Rahmen, z.B. durch den ICES, die IOC, IAEA oder die HELCOM, organisierten Vergleichsmessungen genutzt. Die regelmäßige Verwendung von Referenzproben diente einer weiteren Absicherung der Werte. Die bei der Teilnahme an den Interkalibrierungen gewonnenen Erfahrungen wurden im Rahmen der RGW-Zusammenarbeit zur Meereschemie genutzt. Mit dem AdW-Forschungsinstitut für Aufbereitung/Freiberg (FIA) wurden außerdem zwei Schlickproben aus der Ostsee so präpariert, daß sie als Referenzmaterialien für ICES-Vergleichsmessungen zum Metallgehalt von Sedimenten Verwendung finden konnten und mit praktisch zertifizierten Metallgehalten zur Qualitätskontrolle in den Labors der Anliegerstaaten bereitstehen.

Die nun zumeist weitgehend abgesicherten Methoden wurden während fünf komplexer „POLEX“-Expeditionen zwischen 1980 und 1985 für Grundlagenuntersuchungen zu raumzeitlichen Schadstoff-Verteilungsmustern in der Ostsee eingesetzt. 1981 und 1983 umfaßten die POLEX-Arbeitsgebiete auch die Nordsee, den offenen Nordostatlantik und die Biscaya. Die Ostsee-Expedition im November/Dezember 1984 schloß erstmals auch den gesamten Bottnischen Meerbusen ein (Abb. 5). Die Messun-

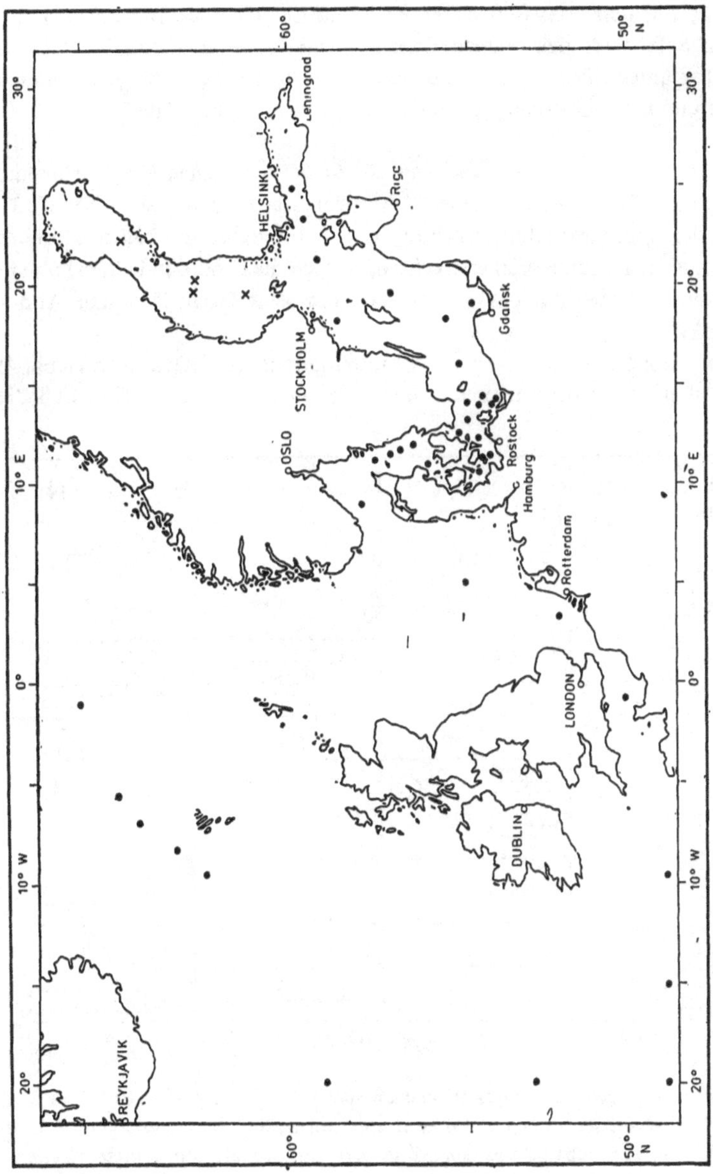

Abb. 5 POLEX-Stationsnetz Mai/Juni 1981

gen waren hinsichtlich der Stationsdichte und der Beobachtungsfrequenz nicht konzipiert, um Punktquellen von Verunreinigungen zu identifizieren oder kurzzeitige Variationen zu erfassen. Neben der Forderung, für spätere Aussagen zu Langzeittrends reproduzierbare Hintergrunddaten zu erstellen, wurden vor allem zwei Formen von Aussagen angestrebt:

a) Schadstoffgradienten vom Süßwasser der Zuflüsse über das Brackwasser der Ostsee bis zum Salzwasser des offenen Ozeans (Abb. 6) sowie Vertikalprofile zur Charakterisierung unterschiedlicher Wassermassen in der relativ stark geschichteten Ostsee (Abb. 7) und ihren Übergangsgebieten zur Nordsee (Abb. 8, [BRÜGMANN u.a., 1985]).

b) Schadstoffkonzentrationen und -budgets für die verschiedenen Kompartimente der Meeresumwelt (Meerwasser, Sediment, Atmosphäre, Organismen — Tabelle 3). Während sich die Spurenmetalluntersuchungen auf ein dafür ausreichend breites Spektrum an Untersuchungsmaterial erstreckten, blieben die Erdöl- und Chlorkohlenwasserstoffmessungen bisher auf das Meerwasser und seine Grenzfläche zur Atmosphäre beschränkt.

Eine nächste Etappe auf dem Weg zu Kontaminations-Einschätzungen (Abb. 4) stellen Massenbilanzen für die entsprechenden Substanzen dar. Das heißt, daß die

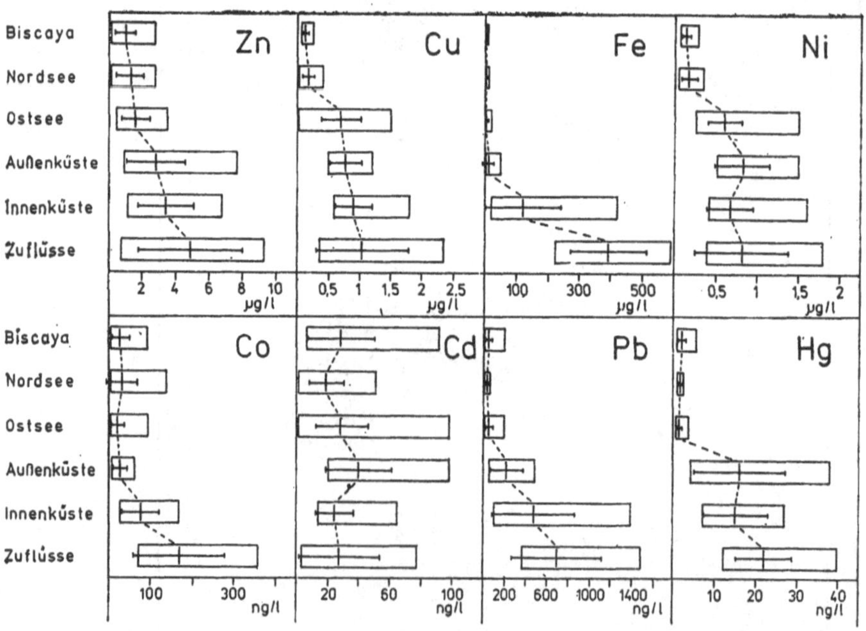

Abb. 6 Konzentrationen gelöster Spurenmetalle zwischen Zuflüssen der Ostsee und der Biscaya, 1983 (Mittelwerte: verbunden durch gerissene Linien; Standardabweichung: Länge der markierten Linien, symmetrisch um den Mittelwert angeordnet; beobachtete Konzentrationsbereiche: Länge der Kästchen)

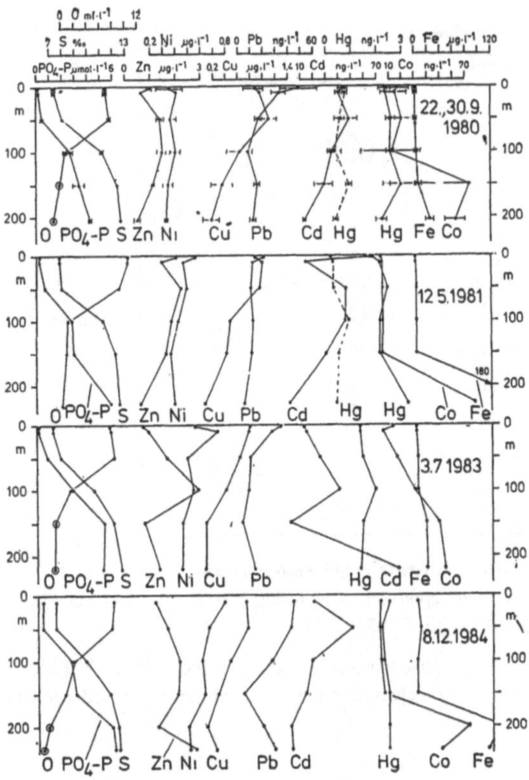

Abb. 7 Vertikalprofile gelöster Spurenmetalle und Hintergrundparameter auf der Station „Gotlandtief", 1980 bis 1984

Anmerkung:

- Unterhalb von 150 m Wassertiefe wurde 1980, 1983 und 1984 Schwefelwasserstoff angetroffen, der in „negative Sauerstoff-Äquivalente" auf der Basis der entsprechenden Redox-Gleichung umgerechnet wurde.
- 1980 wurde die Station zweimal bearbeitet mit einem Abstand von etwa einer Woche.

errechneten Budgets durch Meßdaten zum Massenfluß zwischen den Kompartimenten, z. B. an den Grenzflächen des Meeres mit der Atmosphäre, dem Kontinent und dem Sediment, sowie durch Abschätzungen zum biogeochemischen Schadstoffkreislauf im Meer ergänzt werden müssen (Abb. 9). Direkte Messungen dieser Massenflüsse konnten aufgrund des dazu erforderlichen personellen und apparativen Aufwands und des Fehlens geeigneter physikalisch-chemischer Meßprinzipien nicht ausgeführt werden. Um zu einer ersten Grobabschätzung zu gelangen, mußten vereinfachte indirekte Ansätze gewählt werden:

a) Berechnung der nach diagenetischer Mobilisierung aus dem Sediment in das bodennahe Wasser zurückgeführten Spurenmetalle durch Annahme einer Diffusion,

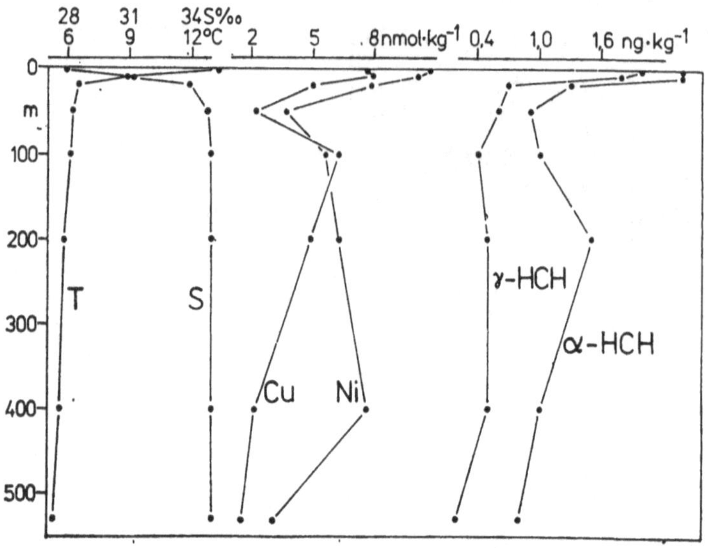

Abb. 8 Vertikalprofile von Temperatur, Salzgehalt, gelösten Spurenmetallen (Cu, Ni) und zwei Isomeren des Hexachlorcyclohexans (γ-HCH = „Lindan" bzw. „Gammexan") auf einer zentralen Station im Skagerrak, 1981 und 1983

Anmerkung: Ausströmendes salzärmeres Ostseewasser ist durch einen deutlich höheren Gehalt an Verunreinigungen gekennzeichnet gegenüber dem einströmenden Nordsee- bzw. Nordatlantikwasser

die durch die vertikalen Konzentrationsgradienten im Porenwasser hervorgerufen wird.

b) Zum Schadstoffabfluß vom Festland in die Ostsee gibt es bisher nur für den Finnischen und Bottnischen Meerbusen offizielle Angaben, die trotz ihrer Inkonsistenz und Unvollständigkeit extrapoliert wurden.

c) Das Rückhaltevermögen an der Kontaktzone Fluß/Meer wurde aus den Konzentrationsgradienten auf küstensenkrechten Schnitten berechnet, wobei der Salzgehalt als praktisch konservative Bezugsgröße zur Abschätzung der Schadstoffabreicherung herangezogen wurden.

d) Die Berechnung des atmosphärischen Eintrags erfolgte auf der Grundlage von Konzentrationsmessungen in der oberflächennahen Atmosphäre, d.h. in etwa 19 m Höhe über dem Meeresspiegel. Einfache Modelle zu vertikalen Gradienten und zur Verweilzeit von Aerosolen in der Atmosphäre wurden dazu herangezogen.

e) Die Massen-Sedimentationsraten wurden aus Metallprofilen in datierten Sedimentkernen, die repräsentativen Gebieten der Ostsee entnommen wurden, abgeleitet. Zur Extrapolation dieser Werte wurde aus Sedimentverteilungskarten abgeschätzt, daß auf etwa 30% des Ostseebodens eine Netto-Schlickablagerung mit durchschnittlich 1 mm/a erfolgt.

Tabelle 3 Konzentrationen und Budgets für Kontaminanten in der Ostsee

a) Organische Kontaminanten

	ng/l	t
Erdölprodukte („UVF-Äquivalente")	1 000	22000
PCB	4	87
DDT	0,2	4,3
γ-HCH („Lindan")	2	43
α-HCH	3	65
β-HCH	0,6	13
δ-HCH	0,2	4,3
HCB	0,1	2,2

b) Spurenmetalle

Konzentrationen

	Wasser		Organismen		Atmosphäre	Sediment
	gelöst	susp.	Fisch	Zoopl.	ng/m³	µg/g*)
	ng/l		µg/g*)			
Hg	3,3	0,3	0,09	0,24	1,5	0,18
Co	12	2,0	0,13	0,76	0,9	17
Pb	40	24	0,10	11,	38	77
Cd	59	3	0,02	2,1	4,8	1,4
Ni	790	16	0,9	5,2	16	37
Cu	890	41	0,7	17	19	45
Zn	1 900	100	10	58	240	260
Fe	7200	5 100	90	540	230	38000

Budgets (t)

	Wasser		Organismen		Atmosphäre	Sediment	
	gelöst	susp.	Fisch	Zoopl.		t	%
Hg	72	7	0,4	0,3	3	1 400	94,4
Co	260	43	0,5	1	1	130000	99,8
Pb	870	520	0,4	14	56	590000	99,8
Cd	1 300	72	0,1	3	7	11000	88,8
Ni	17000	350	4	7	20	280000	94,2
Cu	19000	890	3	22	26	340000	94,5
Zn	41 000	2200	41	75	300	2000000	97,9
Fe	160000	110000	380	700	360	290000000	99,9

*) auf Trockenmasse bezogen

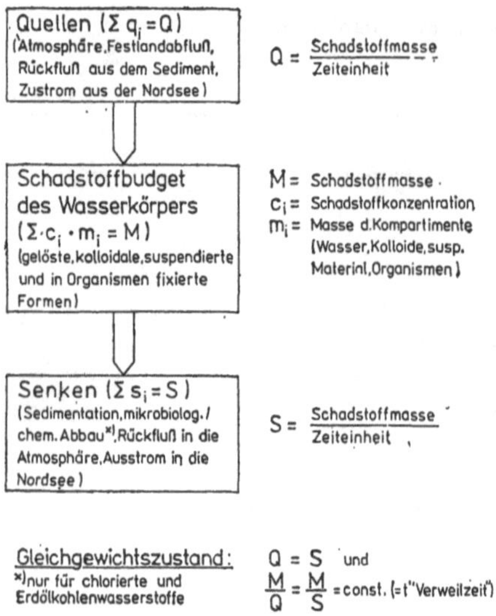

Abb. 9 Massenbilanz-Konzept für die Ostsee

f) Berechnungen zum Massenaustausch mit der Nordsee basierten auf den Spurenmetallprofilen in der westlichen Ostsee, im Kattegat und Skagerrak unter Verwendung entsprechender hydrologischer Modelle.

Da die bei den Abschätzungen verwendeten Meßwerte aufgrund der unterschiedlichen Matrices teilweise integrierenden Charakter aufweisen (Organismen, Sedimente), daneben jedoch raumzeitlichen Punktmessungen entspringen (Messungen an geschöpften Wasserproben), sind die daraus abgeleiteten Massenbilanzen (Abb. 10) mit weiteren Unsicherheiten belastet. Das trifft besonders auf die Ostsee zu, wo die biogeochemische Gleichgewichtsbedingung (siehe Abb. 9) sicherlich nicht erfüllt ist.

Unter der gegenwärtig noch nicht erfüllten Voraussetzung, daß die aufgestellten Massenbilanzen den wahren Verhältnissen ausreichend ähnlich sind, lassen sich daraus Einschätzungen zum Grad der anthropogenen Kontamination („Verunreinigung") der Meeresumwelt ableiten. Das ist bei den xenobiotischen Chlorkohlenwasserstoffen weniger schwierig, da bei diesen Stoffen definitionsgemäß natürliche Quellen ausgeschlossen sind*.

* Marine Organismen, vor allem Bakterien, Algen und Schwämme, sind in der Lage, eine Vielzahl halogenierter, besonders bromsubstituierter Kohlenwasserstoffe zu synthetisieren, die jedoch von spezialisierten Mikroorganismen relativ schnell wieder abgebaut werden [FAULKNER, 1980]. Niedermolekulare Verbindungen hoher Flüchtigkeit und Persistenz, wie die bisher als ausschließlich xenobiotisch angesehenen Freone, sind möglicherweise auch Nebenbestandteile von Vulkanemissionen.

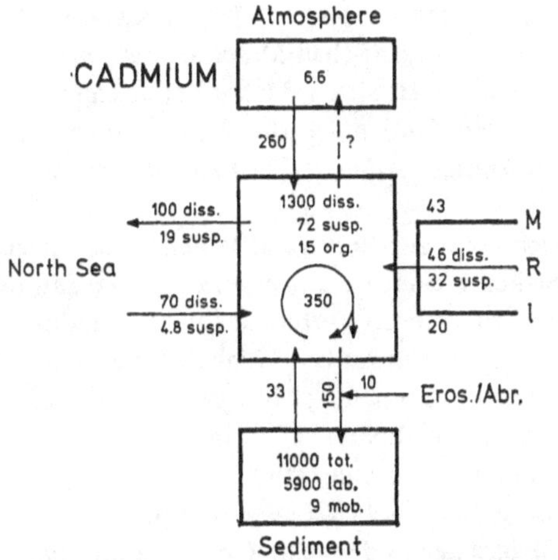

Abb. 10 Massenbilanz (Budgets in t, Massenfluß in t/a) für Spurenmetalle (Hg, Cd, Pb, Cu, Zn, Ni, Fe, Mn) in der Ostsee, Beispiel: Cadmium

Anmerkungen:		
	Atmosphäre	0–6000 m
	Sediment	0–0,1 m
	diss.	gelöste Spurenmetallfraktion
	susp.	suspendierte Spurenmetallfraktion
	org.	Spurenmetalle in Organismen (Fisch, Zooplankton, benthische Algen, Zoobenthos)
	M	Eintrag mit kommunalen Abwässern
	I	Eintrag mit Industrieabwässern
	R	Flußeintrag (ohne signifikante anthropogene Zusätze)
	tot.	Gesamtmetallgehalt im Sediment
	lab.	„labiler“ Metallgehalt, extrahierbar mit 0,5 N HCl
	mob.	„mobiler“ Metallgehalt, gelöst in Porenwässern
	Eros./Abr.	nach Erosion/Abrasion in Netto-Sedimentationsgebiete umgelagerte partikuläre Fraktionen

Trotz ihrer ursprünglich natürlichen Herkunft lassen sich die im Ostseewasser nachgewiesenen Rückstände des Erdöls prinzipiell ausschließlich auf anthropogene Tätigkeiten zurückführen (Transport, Verarbeitung, Schiffsverkehr usw.). Zwei Tatsachen unterstützen diese Feststellung:

a) Im Gegensatz zu anderen Regionen des Weltmeeres wurden keine Anzeichen für ein Aussickern fossiler Erdölprodukte vom Meeresboden („seeps“) beobachtet*.

* Sollte es sich bei den z.B. im Arkona- und südlichen Gotlandbecken beobachteten Kratern im Schlicksediment um die Austrittsöffnungen gasförmiger Kohlenwasserstoffe handeln, unterscheiden sich diese Verbindungen sicherlich signifikant von der Zusammensetzung der in die Ostsee anthropogen eingetragenen flüssigen Produkte.

b) Lebende Planktonorganismen exsudieren eine Vielzahl von Kohlenwasserstoffen und auch während der postmortalen Zersetzung organischen Materials werden solche Verbindungen frei. Diese Substanzen unterscheiden sich jedoch zumeist signifikant von den fossilen Erdölprodukten, insbesondere hinsichtlich des Anteils an aromatischen Bestandteilen, an gerad- und ungeradkettigen Aliphaten und an anderen speziellen „Markern“.

Die uns bisher über Kooperationsbeziehungen zur Verfügung stehende Instrumentalmeßtechnik* erlaubt allerdings noch keine eindeutige Abgrenzung der anthropogenen von den natürlichen (autochthon/allochthon) Verbindungen. Nur indirekte qualitative Anzeichen, wie z.B. die Peakverbreiterung der UVF-Signale („quenching“) bei Anwesenheit exsudierter Kohlenwasserstoffe, können als Hinweis genutzt werden.

Spurenmetalle sind ubiquitäre natürliche Bestandteile der Umwelt. Im Gegensatz zu den zuvor genannten Substanzgruppen können sie chemisch nicht weiter abgebaut werden, so daß nach Durchlaufen der biogeochemischen Flüsse und Kreisläufe die Ablagerung im Meer ihre einzige signifikante Senke darstellt. Um die anthropogen zusätzlich freigesetzten von den natürlichen Anteilen zu trennen, ist der bereits diskutierte Ansatz über Massenbilanzen mit folgendem Problem behaftet: Die natürlichen Bedingungen, z.B. für die Verwitterung von Gesteinen und den Transport gelöster und suspendierter Spurenmetalle zum Meer während des präindustriellen bzw. -zivilisatorischen Zeitalters, lassen sich nicht mehr rekonstruieren. Man ist deshalb auf Analogieschlüsse über industriell und kommunal wenig beeinflußte Flüsse angewiesen, d.h. auf relativ grobe Abschätzungen. Gleiches trifft auf den atmosphärischen Eintrag zu. Vergleichswerte aus den auch gegenwärtig noch wenig kontaminierten Polarzonen oder aus dem küstenfernen Südpazifik sind sicherlich nur mit großen Vorbehalten als Bezugsdaten für die natürliche Hintergrundsituation in der Ostsee verwendbar. Häufig wird als Alternative zu dem „Massenbilanz-Ansatz“ die Analyse von Sedimenten empfohlen, die ein integrierendes und bleibendes Gedächtnis für die Verunreinigungsgeschichte eines Gewässers darstellen sollen. Man erhält tatsächlich durch Spurenmetallmessungen an segmentierten Kernen zumeist vertikale Konzentrationsverteilungen, die zur Grenzfläche Sediment/Wasser erwartungsgemäß bei „technogenen“ Metallen wie Hg, Cd, Pb oder Zn stark zunehmen und sich mit der Tiefe asymptotisch einem für das Untersuchungsgebiet typischen Hintergrundwert annähern. Es sind jedoch Störfaktoren zu berücksichtigen, die auch hier quantitative Rückschlüsse auf anthropogene Einflüsse erschweren:

a) Bei relativ guter Durchlüftung des Bodenwassers, wie z.B. in der westlichen Ostsee, ist die Voraussetzung für eine dichte Besiedelung mit Benthosorganismen gegeben. Diese können, wie die vom IfM initiierten und geleiteten internationalen

* UVF-Spektroskopie – ohne apparative Zusätze und Software zur Aufnahme dreidimensionaler Spektren; IR-Spektroskopie; FID-Gaschromatographie mit gepackten Säulen – ohne hochauflösende Kapillarsäulen und deren Kopplung an Massenspektrometer zur Aufnahme von „fingerprints“.

Untersuchungen im Arkonabecken 1983 zeigten, eine bis zu 17 cm starke Schlickschicht durchmischen („Bioturbation") und damit die Metallablagerungsmuster verfälschen.

b) Auch das wegen der Bioturbation oft empfohlene Ausweichen auf Tiefenbecken mit anoxischen Bedingungen über und im Sediment, wie sie z. B. im etwa 250 m tiefen Gotlandbecken anzutreffen sind, stellt keinen befriedigenden Ausweg dar. Es treten auch hier, und für bestimmte Metalle sogar hier bevorzugt, diagenetische Mobilisierungen und Umlagerungen der Metalle über das Porenwasser auf, die durch die mikrobielle Aktivität, das Redoxpotential, den pH-Wert, den Salzgehalt sowie anorganische und organische Komplexbildner gesteuert werden (Abb. 11). In Extremfällen können dabei Zonen mit Metallanreicherungen (Abb. 12, „P_1") parallel zur linearen Sedimentationsrate wandern und trotz fortschreitender Sedimentation den gleichen Abstand zur Grenzfläche Sediment/Wasser einhalten. Anders ausgedrückt, die in der Schicht „L" zur Zeit „t_0" enthaltenen Metallgehalte nehmen häufig nach „$t_0 + \triangle t$" signifikant ab (Abb. 12).

Massenbilanzen und daraus abgeleitete Abschätzungen zur anthropogenen Kontamination stellen bereits einen wichtigen Zwischenabschluß bei Schadstoff-Zustandseinschätzungen dar (Abb. 4). Um jedoch Verschmutzungs(„Pollution")-Einschätzun-

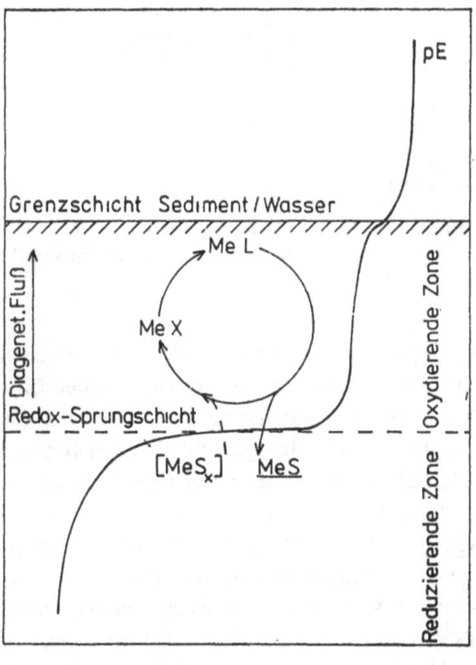

Abb. 11 Diagenetisch bewirkter Fluß und Kreislauf von Metallen (Me) im Porenwasser von Schlicksedimenten unter dem Einfluß des Redoxpotentials (pE), organischer (L) und anorganischer Komplexliganden (X)

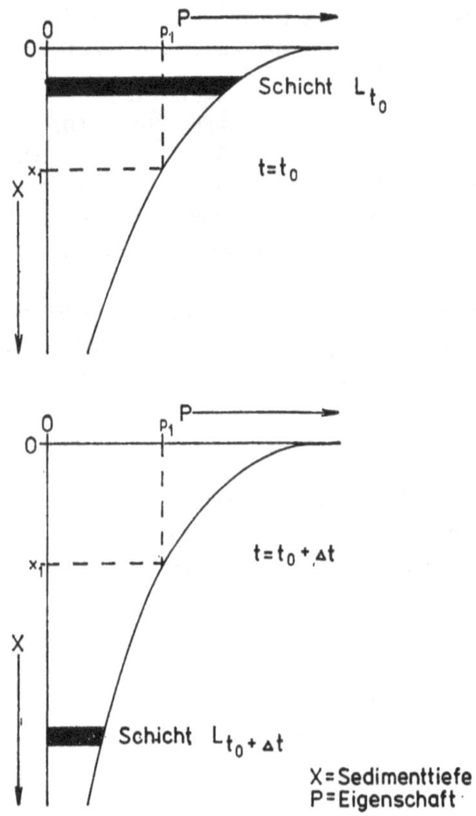

Abb. 12 Schematische Darstellung des Sachverhalts, daß trotz fortschreitender Sedimentation die Eigenschaft „P“ (z. B. Metallgehalt) in einer bestimmten Sedimenttiefe erhalten bleiben kann

gen zu erhalten, bedarf es zusätzlich gesicherter Kenntnisse zu den *Effekten* der in der Meeresumwelt beobachteten Gehalte. Direkt beim Menschen nach solchen Effekten zu suchen, ist aufgrund der überaus geringen Konzentrationen der genannten Verunreinigungen im Meer unrealistisch. Effekte sind dagegen eher bei empfindlichen Organismen, z.B. den Juvenilformen als Teil des Neustons in der Oberflächenmikroschicht, und in Hinsicht auf die Struktur und Funktion des Ökosystems möglich. Es geht dabei um das Aufdecken und Quantifizieren subletaler Wirkungen bei längerer Exposition, z.B. kanzerogener, teratogener oder mutagener Wirkungen, um die Summation von Stressoren, die das Auftreten von Krankheiten oder einen Parasitenbefall bei Meeresorganismen fördern, es geht um Störungen der empfindlichen Kommunikationssysteme, die bereits auf wenige Pheromon-Moleküle reagieren, um Veränderungen in der Artenzusammensetzung u.ä. Erst nach Kenntnis über das mögliche Ausmaß solcher Effekte gelangt man zu einem realistischen Bild über den Umfang der *Verschmutzung*. Erst jetzt könnten dann wissenschaftlich fundierte Kriterien und Standards für die Qualität des Ostseewassers und regulatorische Maßnahmen zu deren Einhalten bzw. Erreichen („Reparaturleistungen am Ökosystem") abgeleitet werden.

Mit einem „Monitoring"* sollte die Wirksamkeit von Maßnahmen des maritimen Umweltschutzes in regelmäßigen Abständen kontrolliert werden.

Abbildung 4 stellt die diskutierten Zusammenhänge in vereinfachter Form dar, d.h. ohne Berücksichtigung iterativer „Schleifen". Trotzdem wird deutlich, daß die für die Gesellschaft wichtigen Informationen für eine objektive Bewertung der Meeresumwelt-Qualität und notwendige volkswirtschaftliche Konsequenzen erst durch eine „Pollution"-Einschätzung erstellt werden. Diese Aufgabe übersteigt das Leistungsvermögen und entspricht auch nicht dem wissenschaftlichen Profil des am IfM mit Kontaminationsfragen befaßten kleinen Kollektivs.

An zwei Beispielen soll gezeigt werden, wie die in den Meßergebnissen zur Spurenmetallverteilung enthaltenen Informationen neben dem Aufzeigen von Gradienten oder dem Abschätzen von Massenbilanzen außerdem genutzt wurden:

Verteilungskoeffizienten

Informationen zur Form des Auftretens von Metallen im Meerwasser (gelöst, suspendiert, komplexiert, ...) sind sowohl für ihre toxikologische Bewertung als auch zu einer Beschreibung und Vorhersage ihres biogeochemischen Verhaltens von Bedeutung. Bei den vorliegenden Untersuchungen wurden für die Ostsee erstmals parallel sowohl die gelösten als auch die suspendierten Anteile der Elemente Cd, Pb, Cu, Zn, Ni, Fe und Co bestimmt. Damit ergab sich die Möglichkeit, Verteilungskoeffizienten nach

$$K_d = \frac{\text{Me-Gehalt in } \mu\text{g/g suspend. Mat.}}{\text{Me-Gehalt in } \mu\text{g/g Meerwasser}}$$

zu berechnen. Dieser Ansatz geht von einem Adsorptions/Desorptions-Gleichgewicht aus, das nur für Spurenbestandteile zutrifft.

Die in der Feststoff- und Kolloidchemie häufig angewendeten Verteilungsfunktionen wie die Freundlich-($C_{ads.} = K \cdot C_{gel.}{}^{1/n}$; K und n Konstanten mit $1/n \leq 1$) oder Langmuir-Korrelation ($C_{ads.} = K_1 \cdot C_{gel.}/1 + K_2 \cdot C_{gel.}$; K_1 und K_2 als Konstanten) lassen sich für diesen speziellen Fall nicht einsetzen. Die so errechneten K_d-Werte weisen zwischen den einzelnen Metallen und für die Seegebiete deutliche Unterschiede auf (Tab. 4). Diese Unterschiede spiegeln die Abhängigkeit der Adsorption von der Kontaktzeit zwischen suspendiertem Material und gelöstem Metall und von der Kon-

* Wissenschaftliche Forschungsprogramme, die auf das Aufdecken zeitlicher Trends von Umweltparametern ausgerichtet sind, basieren ebenfalls auf Messungen im Sinne eines „Monitoring" (in regelmäßigen Abständen und auf festgelegten Stationen wiederholte Beobachtungen; auch die Bezeichnungen „Observatoriumsforschung" oder „wiederholte Grundlagenuntersuchungen" charakterisieren diesen Sachverhalt).

Tabelle 4 Verteilungskoeffizienten (K_d) für Metalle zwischen der festen und gelösten Phase im Wasser der Ostsee und angrenzender Gebiete, POLEX '81

$$K_d = \frac{^{c}Me(\mu g/g \text{ suspendiertes Material})}{^{c}Me(\mu g/g \text{ Meerwasser})}$$

Element (Me)	Ostsee	Nordsee	NO-Atlantik
Fe	2×10^6	1×10^7	1×10^7
Pb	7×10^6	6×10^6	1×10^7
Co	4×10^5	8×10^5	4×10^5
Cd	3×10^5	4×10^5	9×10^5
Cu	2×10^5	3×10^5	2×10^6
Zn	1×10^5	2×10^5	9×10^5
Ni	3×10^4	6×10^4	2×10^5

kurrenzwirkung kationischer Hauptbestandteile des Meersalzes (Na, K, Mg, Ca, Sr) wider. Sie werden aber vor allem durch die Zusammensetzung des festen Substrats bewirkt. Das Trägermaterial kann aus suspendiertem organischem (z. B. Zersetzungsrückstände, Fäkalpellets) und anorganischem Material (z. B. Tonmineralien wie Illit oder Montmorillonit, Quarz, Feldspat, Carbonate, aber auch Eisen- und Manganhydroxide/oxide) bestehen. Die Fe- und Mn-Verbindungen werden zumeist autochthon in der Wassersäule gebildet. Sie sind hocheffektive Spurenmetallakkumulatoren, eine Eigenschaft, die man sich in der analytischen Meereschemie, z. B. bei Kopräzipitionsmethoden mit Eisenhydroxid oder für die in situ-Radionuklidanreicherung (Patronen mit einer Füllung aus Braunstein-bedeckten Fasern) zunutze macht. Besteht das suspendierte Material zu deutlichen Anteilen aus den erwähnten Fe/Mn-Verbindungen oder weisen andere, relativ inerte Träger solche eine Oxid/Hydroxid-Bedeckung auf, sollte sich das auch in den K_d-Werten widerspiegeln. Zur Überprüfung dieser Hypothese wurden die entsprechenden Korrelationen und Regressionsfunktionen für einzelne Spurenelemente berechnet bzw. dargestellt (Tab. 5, Abb. 13, [Brügmann, 1986]).

Tabelle 5 Signifikant positive Korrelationen (>99% Wahrscheinlichkeit) zwischen den K_d-Werten der Spurenmetalle und den Mn- bzw. Fe-Gehalten der Suspensionen (1981)

Element	Ostsee		Nordsee		NO-Atlantik	
(Me)	Mn	Fe	Mn	Fe	Mn	Fe
Pb			+		+	
Co	+	+	+		+	+
Cd	+		+			+
Cu		+				
Zn	+		+			
Ni		+	+			+

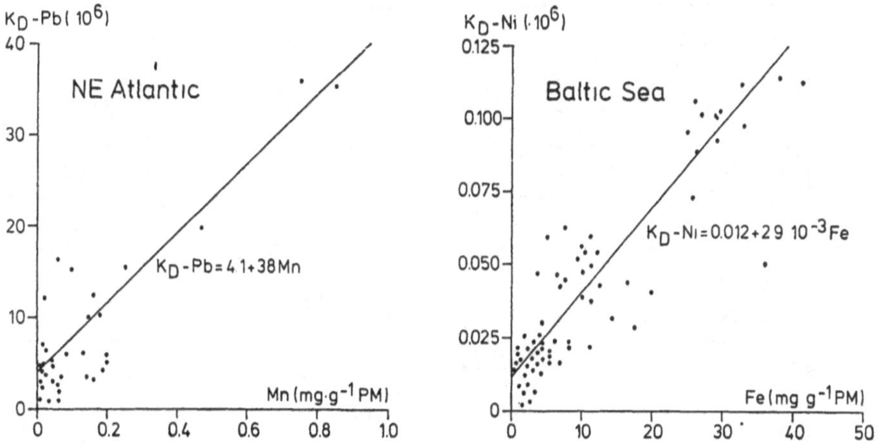

Abb. 13 Beispiele für die Abhängigkeit der K_d-Werte vom Eisen- bzw. Mangangehalt des suspendierten Materials

a) $Blei_{susp.}$ im Wasser des Nordostatlantiks
b) $Nickel_{susp.}$ im Ostseewasser

Mischungsverhalten

Zieht man die anthropogenen Einflüsse durch die hochindustrialisierten Anliegerstaaten und den Brackwassercharakter der Ostsee in Betracht (der Salzgehalt im Oberflächenwasser liegt bei etwa einem Fünftel des Ozeanwassers), sind die Spurenmetallkonzentrationen im Verhältnis zum Nordatlantik noch relativ niedrig. Ähnliche Hg-Werte und nur geringfügige Erhöhungen beim Cd, Co und Pb belegen dies. Lediglich die Zink-, Nickel- und Kupferwerte aus dem Kreis der von uns analysierten Elemente steigen in der Ostsee stärker an, wobei allerdings beim Kupfer im anoxischen Tiefenwasser auch extrem geringe Konzentrationen zu beobachten sind. Da andererseits der Metalleintrag in die Ostsee in bezug auf ihr Volumen erwiesenermaßen hoch ist, läßt sich dies nur durch die kurzen Verweilzeiten der Metalle (0,3 bis 5 Jahre) erklären, die weit unter der des Ostseewassers selbst (etwa 25–40 Jahre) liegen. Die geringen Verweilzeiten werden durch biologische und geochemische Abreicherungsmechanismen hervorgerufen. Für viele Elemente kann der Einfluß dieser Abreicherung durch Aufzeichnung ihrer „Mischungskurven" deutlich gemacht werden. Diese Kurven spiegeln die Abhängigkeit der Metallkonzentrationen vom Salzgehalt, d.h. das Verhalten der Metalle beim Mischen von Süß- mit Salzwasser, wider (Abb. 14). Die Kurven „A" und „B" illustrieren ideal konservatives Verhalten, wobei einmal („A") das zufließende Süßwasser, wie zumeist zutreffend, den höheren Metallgehalt aufweist, im anderen Falle jedoch das Meerwasser. Typische Beispiele für „B" sind die Elemente U und Mo [Prange, Kremling, 1985), Nickel kommt in seinem Verhalten Kurve „A" am nächsten. Kurve „E" und „D" zeigen positive bzw. negative Abweichungen vom konser-

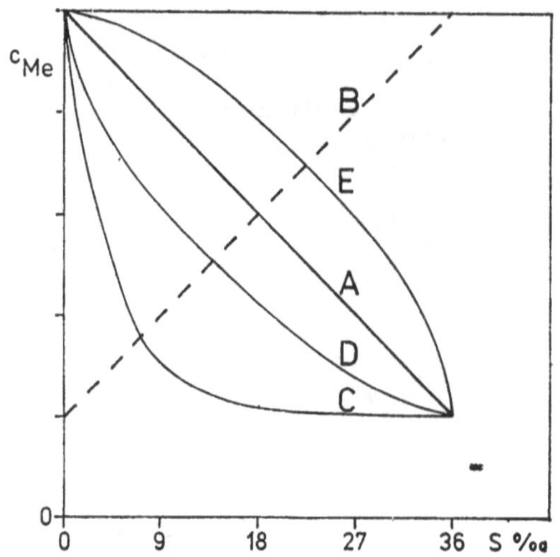

Abb. 14 Mischungsverhalten gelöster Metalle im Übergangsbereich vom Süß- zum Salzwasser

vativen Mischungsverhalten an. Cadmium und Zink entsprechen in ihrem Verhalten im Ostseewasser nach unseren Erfahrungen etwa dem Typ „E".* Das wird auf die relativ hohe Flüchtigkeit beider Metalle und den daraus resultierenden hohen Anteil des atmosphärischen Eintrags zurückgeführt. Außerdem weisen sie eine geringe geochemische Reaktivität auf, so daß der Einfluß zusätzlicher Abreicherungsfaktoren, z.B. eine Ausfällung nach Adsorption, insignifikant bleibt. Statistisch weist das Kupfer – in Abweichung von seiner ansonsten großen Ähnlichkeit mit dem Nickel – durch die Sulfidausfällung in den anoxischen Tiefenbecken negative Abweichungen von der Kurve „A" auf. Es ist dementsprechend dem Typ „D" zuzuordnen. Zum Typ „C" zählen die Metalle, bei denen in der Kontaktzone Fluß – Meer eine fast exponentiell verlaufende Abreicherung zu beobachten ist. Das betrifft insbesondere Eisen und Blei, die zu mehr als 90% in den Flußmündungsgebieten zurückgehalten werden, aber in vermindertem Maße auch Quecksilber, Cobalt und Mangan.

Ausblick

Zusammenfassend sollen die Probleme genannt werden, die für die drei Schadstoffgruppen künftig vorrangig bearbeitet werden sollten:

* Während der Zeit der Phytoplanktonblüten ist jedoch bei beiden Elementen infolge einer starken biologischen Akkumulation mit Abweichungen zu rechnen, d.h., daß dann in der euphoten Schicht teilweise „E" in „D" übergehen kann.

Spurenmetalle

- direkte Massenflußmessungen durch den Einsatz von Sedimentfallen, Niederschlag- und in situ Porenwassersammlern,
- Erweiterung des bisherigen Spektrums (Hg, Cd, Pb, Cu, Zn, Fe, Ni, Co) um toxikologisch relevante Elemente wie As und Se,
- methodische Weiterentwicklungen mit Zielrichtung auf automatische, z.B. elektrochemische (potentiometrische, voltammetrische) Sensoren für direkte Messungen im Meer

Erdölkohlenwasserstoffe

- Einbeziehung weiterer Kompartimente, in erster Linie Sedimente, in die Messungen, um dem Ziel „Massenbilanzen" näher zu kommen,
- Einsatz einer verbesserten Gerätetechnik zum qualitativen und quantitativen Nachweis einzelner Substanzen, einschließlich der polyzyklischen Aromaten, mit dem Ziel der Identifizierung von Quellen, Ausbreitungsrichtungen und Verbleib der Substanzen

Chlorkohlenwasserstoffe

- Untersuchungen an Sedimenten, suspendiertem Material und atmosphärischen Proben,
- Vervollkommnung der PCB-Analytik durch Kapillar-GC mit dem Ziel, die bei der Bearbeitung dieser Substanz gewonnenen analytischen Erfahrungen als Modellbeispiel für Untersuchungen zu ähnlichen Verbindungsklassen (z.B. PCT, PCC) zu nutzen und Abbauraten sowie Anreicherungsverhalten in der Nahrungskette zu studieren,
- Untersuchungen zu den Verteilungskoeffizienten („K_d") der Chlorkohlenwasserstoffe zwischen der gelösten Form im Meerwasser und den suspendierten oder in Lipiden von Organismen gespeicherten Fraktionen mit dem Ziel, allgemeine Gesetzmäßigkeiten zum Anreicherungsverhalten aufzudecken, die zusammen mit physikochemischen Konstanten wie der Wasserlöslichkeit, dem Wasser/Octanol-Verteilungskoeffizient, dem Dampfdruck oder der chemischen Reaktivität Vorhersagen zum Verhalten solcher Substanzen in der Meeresumwelt ermöglichen.

Für die Auswertung der Meßergebnisse bei allen drei Schadstoffgruppen sollten verstärkt moderne mathematisch-statistische Verfahren, z.B. zum Erkennen von Mustern („pattern recognition") eingesetzt werden.

Es soll auch daran erinnert werden, daß der Erfolg solcher Untersuchungen entscheidend vom analytischen Leistungsvermögen der damit befaßten Einrichtungen abhängt. Obgleich etwa 40% aller Chemiker nach Abschluß ihres Studiums vorwiegend analytisch tätig sind, wird diesem Umstand während ihrer Ausbildung häufig noch ungenügend Rechnung getragen. Wird die Analytik im Rahmen der Umweltforschung wie in anderen Bereichen in die Rolle einer „Dienstmagd“ gedrängt, kann von den Betroffenen kaum das erforderliche Engagement erwartet werden, möglichst richtige und genaue Daten zu erstellen und der häufig nicht problemadäquaten Geräteausstattung mit Ideenreichtum erfolgreich zu begegnen. Die Interpretation von Analysendaten durch Personen, die dem Prozeß der Datenerzeugung fernstehen und die Datenqualität nicht mehr ausreichend bewerten können, führte bereits häufig zu eklatanten Fehlaussagen.

Im täglichen Gebrauch befinden sich gegenwärtig mehr als 60000 Chemikalien (OECD, 1981). Diese Zahl wächst jährlich um weitere 1000 bis 1500 Substanzen an. Eine sicherlich nicht geringe Anzahl davon erfüllt die Kriterien, die sie zu einem möglichen Verschmutzungsfaktor für die Meeresumwelt werden lassen, d.h. hohe Produktions- und Anwendungsziffern, „kontrollierte“ und unkontrollierte Verluste, Mobilität, Bioakkumulation, geringer chemischer und biologischer Abbau und negative Effekte bereits durch Spurenmengen. Die daraus für den Umweltforscher/-analytiker erwachsende Herausforderung ist entsprechend groß.

Abschließend sollen einige der wichtigsten Probleme genannt werden, zu deren Lösung eine leistungsfähige Meeresumweltforschung beitragen muß:

- Die Gewinnung mineralischer Ressourcen (z.B. Erdöl, Manganknollen, Phosporite u.a.) vom Meeresgrund, die Deponie radioaktiver Abfälle über und im Sediment sowie das Verklappen von Klärschlämmen und Industrieabfällen sind Aktivitäten, die nicht nur die unter die Souveränität der Küstenstaaten fallenden Seegebiete, d.h. etwa 40%, in ihrer Qualität und ihren anderweitigen Nutzungsmöglichkeiten beeinträchtigen. Die regelmäßige Kontrolle solcher Deponien und die sichere Abschätzung der ökologischen Folgen für Kosten/Nutzen-Berechnungen oder für Forderungen nach Entschädigungen bzw. Regulierungen ist eine perspektivisch an Bedeutung gewinnende Aufgabe.
- Die DDR ist Mitglied einer Reihe von Abkommen zum maritimen Umweltschutz (Tab. 2). Bei der Wahrnehmung der daraus resultierenden Verpflichtungen kommt es darauf an, nicht das technisch maximal Realisierbare, sondern das ökologisch unbedingt Erforderliche und ökonomisch Mögliche einzuleiten. Entscheidungen über Umstellungen in der Produktion und Anwendung von Chemikalien oder über zusätzliche Reinigungsstufen bei Abwässern und -gasen sind zumeist mit gewaltigen Kosten verbunden. Die fundierte Beratung der verantwortlichen Staatsorgane auf der Basis abgesicherter Zustandseinschätzungen ist deshalb von großer ökonomischer Bedeutung.
- Bei Havarien in der Ostsee, welche die Nutzung der Fischereizone der DDR beeinträchtigen könnten, sind für eine objektive Bewertung der entstandenen Schäden qualitative und quantitative Aussagen
  - zum vorherigen Zustand des Ökosystems einschließlich der Konzentrationen von Verunreinigungen in den wichtigsten Kompartimenten,
  - zu den beobachteten Veränderungen und
  - zu den daraus resultierenden Effekten

erforderlich. Bei Ölhavarien, insbesondere beim zufälligen oder beabsichtigten Ablassen von Öl, wird die positive und eindeutige Identifizierung der Verursacher anhand der „Fingerabdrücke" des jeweiligen Kohlenwasserstoffgemisches zu einer analytisch anspruchsvollen, ökonomisch möglicherweise überaus wichtigen, jedoch mit der zur Verfügung stehenden Gerätetechnik noch nicht immer realisierbaren Aufgabe.

Literatur

Brügmann, L.: Particulate trace metals in waters of the Baltic Sea and parts of the adjacent NE Atlantic. Beitr. Meeresk. **55** (1986) 3–18.

Brügmann, L., K.-H. Rohde, M. Mohnke: Contaminants as tracers for water bodies of the Baltic Sea and North Sea. Beitr. Meeresk. **53** (1985) 63/64.

Faulkner, D. J.: Natural organohalogen compounds. In: O. Hutzinger: The Handbook of Environmental Chemistry. Bd. 1/Teil A: The Natural Environment and the Biogeochemical Cycles. Springer-Verlag, Berlin-Heidelberg 1980, S. 229–254.

GESAMP: The Health of the Oceans. UNEP Regional Seas Reports and Studies No. 16, UNEP, 1982.

Goldberg, E. D.: The Health of the Oceans. The UNESCO Press, Paris 1976.

Hugler, O.: Völkerrechtliche Kodifikation zum Schutz der Meeresumwelt gegen Verschmutzung. Neue Justiz 1/86, S. 10–13.

IOC: A Comprehensive Plan for the Global Investigation of Pollution in the Marine Environment and Baseline Study Guidelines. IOC Tech. Ser. 14, UNESCO, 1976.

IOC: A framework for the implementation of the Comprehensive Plan for the Global Investigation of Pollution in the Marine Environment. IOC Tech. Ser. 25, UNESCO, 1984.

Mielvasalo, T., J. Pawlak, K. Grasshoff, L. Thorell, A. Tsyban: Assessment of the effects of pollution on the natural resources of the Baltic Sea, 1980. Baltic Sea Environment Proceedings No. 5B, Helsinki 1981.

OECD: Guidelines for testing of chemicals, Paris 1981.

Prange, A., K. Kremling: Distribution of dissolved molybdenum, uranium and vanadium in Baltic Sea waters. Mar. Chem. **16** (1985) 259–274.

Danksagung

Die in der vorliegenden Arbeit diskutierten Analysenergebnisse konnten nur durch den engagierten Einsatz vieler Mitarbeiter und das stets fördernde Interesse der verantwortlichen staatlichen Leiter des IfM und seiner Kooperationspartner gewonnen werden. Stellvertretend sollen hier die Kollegen Dr. Rohde, Dr. Mohnke (FcT), Hennings, die Besatzung des Forschungsschiffes „A. v. Humboldt" sowie die Kollegen der mechanischen Werkstatt des IfM genannt werden.

Manfred Mohnke/Karlheinz Lohs

Zu einigen chemisch-toxikologischen Aspekten der Analytik chlorierter Kohlenwasserstoffe im Meerwasser

Die großen Fortschritte der Chemie waren früher wie auch heute untrennbar verknüpft mit den Fortschritten, die die Analytik gemacht hat. Die Analytik war und ist stets der Wegbereiter für die neuen chemischen Erkenntnisse, es gilt dies, seit die Waage zum festen Bestandteil des Laboratoriums wurde. Es wäre jedoch falsch, wollte man der Analytik eine nur dienende bzw. dienstleistende Unterordnung ohne Anspruch auf Eigenständigkeit im Prozeß der Forschung zuweisen. Die Analytik der letzten zwei bis drei Jahrzehnte hat gegenüber früheren Entwicklungsetappen der Chemie begonnen, eine neue Dimension zu erschließen: die Umwelt des Menschen. Der analytische Chemiker hat sozusagen den Rahmen gesprengt, hat – bildlich gesprochen – das Reagenzglas verlassen und sich der vorerst noch verwirrenden chemischen Vielfalt realer Reaktionsabläufe zugewandt, die in der Außenwelt ablaufen, d.h. in dem Ökosystem, welches wir unseren Lebensraum nennen. Es ist hier eine Tür aufgestoßen worden, die den Chemiker zwingt, viele scheinbar schon beantwortete Fragen neu zu stellen. Angefangen von der Probenahme und Probenaufbereitung bis hin zur Bewertung der Aussagen, die ihm seine in den letzten Jahrzehnten zur Höchstleistung entwickelte analytische Technik mit ihrem faszinierenden Instrumentarium bietet. Die Reaktionsräume Boden, Luft und Wasser sind Vielstoffgemische, deren gegenseitige Beeinflußbarkeit durch chemische Wechselwirkungen sich erst in den Anfängen unseres Verstehens befinden. Man könnte regelrecht von einer „alternativen Chemie" sprechen, wenn man die Ökochemie mit den Abstraktionen des früheren Herangehens an analytische Fragestellungen vergleicht.

Solche Vorbemerkungen im Rahmen eines auf experimentellen Befunden fußenden wissenschaftlichen Beitrages sind vor allem deshalb notwendig, weil umweltbezogene Analytik immer auch zu Aussagen über biologische Konsequenzen für den Menschen in seinem Lebensraum führt. Die Ermittlung des Gehaltes von Kadmiumspuren in einer Stahlsorte und die Ermittlung von Kadmiumspuren im Trinkwasser sind hinsichtlich der möglichen Konsequenzen unvergleichbar – es liegt sozusagen eine Welt dazwischen, nämlich unsere Umwelt. Analoges gilt für den Chlorphenolgehalt in einem Zwischenprodukt der industriellen Synthesechemie und der Verteilung des chlorphenolhaltigen Endproduktes nach erfolgtem Gebrauch in der Umwelt, in die es auf dem Weg über die Deponie oder das Abwasser und die Abluft gelangt ist.

Die analytische Chemie hat eben erst begonnen, dieser neuen umweltbezogenen

Sachlage zu entsprechen, die chemische Toxikologie – als ein Zwischenglied zwischen Feststellung und Bewertung sowie Verhütung eventuellen Schadens für den Menschen – ist noch dabei, sich in ihre Aufgabenstellung als Schadensverhüterin einzuarbeiten, was sie derzeit oft genug gegen die etablierten Ausgangsdisziplinen der Medizin und der Naturwissenschaften tun muß. Das nachfolgend beschriebene umweltanalytische Problem ist nur ein kleines Mosaiksteinchen in dem noch sehr verschwommenen Bild, das sich von den Besonderheiten der Ökosysteme der Gewässer und der Meere abzuzeichnen beginnt [1, 2].

Im Rahmen eines interdisziplinären Forschungsthemas des Forschungsbereiches Geo- und Kosmoswissenschaften der AdW der DDR werden seit 1979 in Zusammenarbeit mit dem Institut für Meereskunde Untersuchungen zur Kontamination einzelner Kompartements der Ostsee und Teilen des Nordatlantiks mit den höhersiedenden chlorierten Kohlenwasserstoffen Hexachlorbenzen (HCB), den Isomeren des Hexachlorcyclohexans (HCH), dem p,p'-DDT und seinen Metaboliten p,p'-DDE und p,p'-DDD sowie den polychlorierten Biphenylen (PCB) durchgeführt.

Zu Beginn war ein Analysenverfahren zu erarbeiten, welches auch im extremen Spurenbereich genaue und richtige Analysenergebnisse sichert. Die Lösung dieses Problemes ist nur möglich, wenn das Analysenverfahren eine kontaminationsarme Probenahmetechnik, eine effektive Extraktion der zu bestimmenden Spezies und deren gleichzeitige Abtrennung von der Matrix, eine sorgfältige Reinigung der Extrakte von störenden Anteilen sowie den Einsatz optimierter gaschromatographischer Trennsäulen und hochempfindlicher Detektorsysteme umfaßt.

Durch die Teilnahme an Vergleichsmessungen, die im International Laboratory of Marine Radioactivity vorbereitet und ausgewertet wurden [3], konnten wir die Qualität unserer Meßdaten weitgehend absichern. Der hierzu erforderliche Aufwand einschließlich der Parallelmessungen an Standards liegt bei 30% des Meßaufwandes und entspricht auch den Empfehlungen und Erfahrungen international führender Labors.

Probenentnahme

Die Entnahme von Tiefenproben (bis 1500 Meter im Atlantik) geschieht mit selbstgefertigten Glaskugelschöpfern nach Stadler und Schomaker [4]. Handelsübliche Glaskolben (VEB Jenaer Glaswerk) mit einem Fassungsvermögen von 23,5 Litern sind mit einem speziell eingeschliffenen Edelstahldeckel ohne jedes weitere Dichtungsmittel verschlossen. In diesem Deckel befinden sich Glasrohre, die ein Stahlbügel zertrümmert, wenn sich der Probenehmer auf der Meßtiefe befindet. Danach strömt die Wasserprobe in den Kolben ein, während die vorher darin vorhandene Luft entweicht. Den Glaskolben sichert und hält ein Korb aus Edelstahl, der seinerseits an einem fettfreien Edelstahlseil befestigt ist und von Bord aus mit einer Elektrowinde transportiert wird.

Proben aus der unmittelbaren Oberfläche entnimmt man mit einem Edelstahlsieb nach Garrett [5]. Zur Vermeidung von Kontaminationen durch das Schiff dient zur Oberflächenprobenahme ein Schlauchboot unter Berücksichtigung der Windrichtung. Der Oberflächenprobenehmer ist ein 0,5 m^2 großes Sieb mit einer Maschenweite von 1 mm und einer Drahtstärke von 0,5 mm. Dieses Sieb hebt man aus dem Wasserkörper kommend parallel zur Wasseroberfläche ab. Dabei füllen sich die Siebmaschen in der obersten Wasserschicht. Durch Kippen des Siebes über eine Ecke entleeren sich die Maschen in eine Probeflasche vollständig. So gelingt es, Oberflächenfilmproben von kleiner als 0,4 mm Dicke zu entnehmen.

Probenbearbeitung

Unmittelbar nach der Entnahme der Wasserproben ist die Extraktion der zu analysierenden Substanzen notwendig. Das geschieht durch intensives Rühren mit 250 ml pestizidfreiem Hexan mittels Turbinenrührer (23,5-Liter-Tiefenprobe) bzw. Schütteln mit 100 ml Hexan (2-Liter-Oberflächenprobe). Durch Verdrängen der Hexanphase mit bereits extrahiertem, pestizidfreiem Wasser in eine dicht schließende Probeflasche ist die Probe zunächst längere Zeit haltbar.

Die z.T. organische Substanz und Salze enthaltende Probe behandelt man zur Vorreinigung im Scheidetrichter 1–2 mal mit konzentrierter Schwefelsäure. Die weitere Konzentrierung erfolgt in einem 50 ml-Kolben mit einer „Nase" am Boden (etwa 0,5 ml) durch sehr vorsichtiges Abdestillieren des Hexans über eine Vigreux-Kolonne im Wasserbad bei 75–80 °C. Restliches Hexan verdampft dann bei 20–25 °C gerade bis zur Trockne. Danach spült man die Wände des Kolbens mit 450 Mikroliter reinstem Heptan und unterschichtet die Heptanphase mit einigen Tropfen konzentrierter Schwefelsäure. Der dicht verschlossene Kolben bleibt bei Zimmertemperatur etwa 12 Stunden stehen, damit die konzentrierte Probe von restlicher störender organischer Substanz weitgehend befreit wird. Der resultierende Anreicherungsfaktor für die Tiefenprobe beträgt $5{,}2 \cdot 10^4$

Analyse

Die meisten der Analysen haben wir mit gepackter Trennsäule (Innen-∅ : 3 mm; Länge: 2 m; Säulenfüllung: 5% QF 1 auf Gaschrom Q, 100–120 mesh; Säulentemperatur: 185 °C, Stickstoffstrom: 60 ml/min; Detektor: Tritium-ECD) ausgeführt. Ein umgebauter Gaschromatograph GCHF 18.3-4 (VEB Chromatron) ausgerüstet mit einem Eigenbau-Konstantstromverstärker und einem Hewlett-Packard 5880 A Datensystem dient dabei als Meßinstrument. Standard-Lösungen zur Eichung und Kontrolle im aktuellen Konzentrationsbereich sind aus hochreinen Substanzen (EPA/USA) hergestellt. Zur Erhöhung der Meßsicherheit und zur Messung der PCB wird ein Aliquot des Heptankonzentrats (200 Mikroliter) in einem Mikroreaktor mit einem

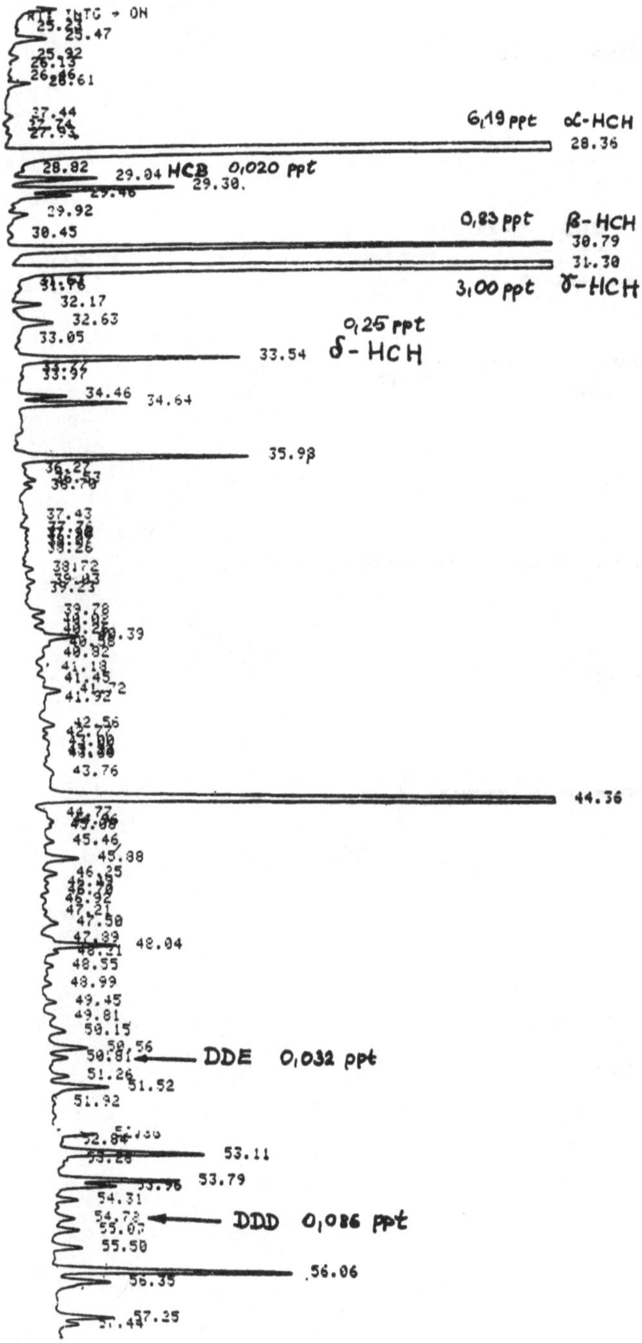

6,19 ppt α-HCH
28.36
29.04 HCB 0,020 ppt
29.30
0,83 ppt β-HCH
30.79
31.30
3,00 ppt γ-HCH
0,25 ppt
33.54 δ-HCH
34.64
35.98
44.36
48.04
DDE 0,032 ppt
51.52
53.11
53.79
DDD 0,086 ppt
56.06

Abb. 1a

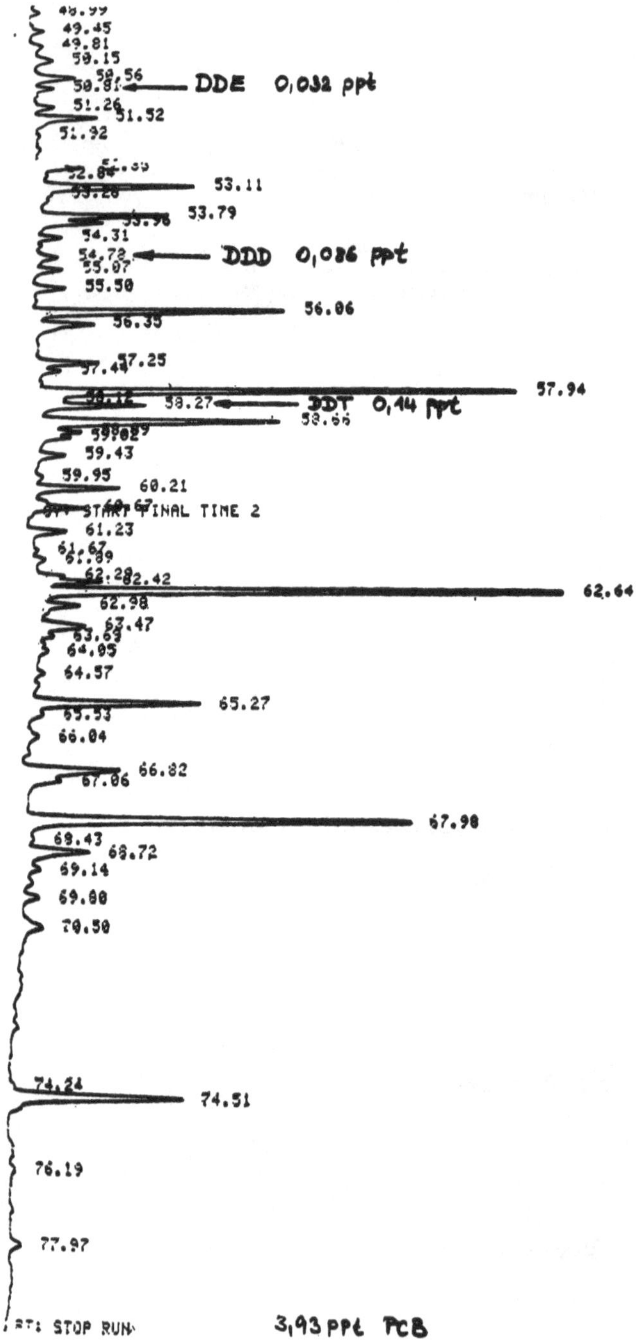
49.45
49.81
50.15
DDE 0,032 ppt
51.52
51.92
53.11
53.79
54.31
DDD 0,086 ppt
55.50
56.06
57.25
57.94
58.27
DDT 0,14 ppt
59.43
59.95
60.21
START FINAL TIME 2
61.23
62.42
62.64
62.98
63.47
64.57
65.27
66.04
66.82
67.06
67.98
68.72
69.14
69.80
70.50
74.24
74.51
76.19
77.97
STOP RUN
3,93 ppt PCB

Abb. 1b

frischen Stück Ätzkali 90 Minuten bei 80°C zur Reaktion gebracht. Dabei setzt sich DDT quantitativ in DDE und DDD in DDMU um. Aus einem zweiten Chromatogramm und dem vor der Umsetzung sind dann die Konzentrationswerte berechenbar.

Parallel zur Analytik mit gepackten Säulen war es uns möglich eine begrenzte Zahl von Proben auch mit Hilfe der Kapillar-Gaschromatographie zu untersuchen. Unter Anwendung der on column injection-Technik ist es gelungen, die Kapillar-Gaschromatographie zu einer echten Spurenanalysenmethode weiterzuentwickeln. Nur durch die Möglichkeit große Probemengen direkt in die engen Trennkapillaren zu dosieren, wird die Nachweisempfindlichkeit gesteigert. Der Informationsgehalt über die Probenzusammensetzung – das betrifft insbesondere die einzelnen PCB-Isomeren – steigt durch die hohe Auflösung, die mit Kapillarsäulen erzielbar ist. Die damit verbundene Verlängerung der Analysenzeiten kann in vielen Fällen akzeptiert werden, da sich die erforderliche spezielle Probenbehandlung für die Analyse mit gepackten Trennsäulen erübrigt, die immer eine Gefahr für die Richtigkeit der Ergebnisse, speziell im Spurenbereich, darstellt. In der Abbildung 1a + 1b ist ein Kapillarchromatogramm einer typischen Meerwasserprobe dargestellt. Die Trennsäule ist eine 50 Meter lange, selbst hergestellte, mit Silikongummi SE 54 beschichtete Glaskapillare mit einem Innen-⌀ von 0,26 mm. Die ist nach Welsch u.a. (6, 7) durch Hochtemperatursilylierung desaktiviert und statisch mit einer Schichtdicke von 0,25 Mikrometer mit der Trennphase beschichtet. Zur Vermeidung von Peakverzerrungen oder -aufspaltungen ist am Säuleneingang nach Grob [8, 9] eine 2 Meter lange desaktivierte Quarzkapillare totvolumenfrei mit Silberchlorid und Polyimid gekoppelt. Auf diese Vorsäule (retention gap) sind 2 Mikroliter Probelösung direkt in die Kapillare dosierbar. Mit einem Temperaturprogramm zwischen 40 und 250°C wird dann die gaschromatographische Trennung ausgeführt. Die Chromatogrammzeit beträgt 80 Minuten. Als Meßgerät dient ein mikroprozessorgesteuerter Gaschromatograph 5880 A der Firma Hewlett-Packard mit einem ^{63}Ni-Elektroneneinfangsdetektor und einem programmierbaren Datensystem.

Ergebnisse

Das Ergebnis einer typischen Meerwasseranalyse ist aus Tabelle 1 ersichtlich.

Die Reproduzierbarkeit der Messungen wird laufend überprüft. Ergebnisse von aufeinanderfolgenden Mehrfachanalysen aus einer Tiefe der gleichen Position ergeben eine relative Standardabweichung von durchschnittlich ±12%, ein für derartige Spurenanalysen üblicher Wert. Anzeichen für eine Verschleppung von Konzentrationen, die das mittlere Konzentrationsniveau 10-fach übersteigen, treten bei HCB, den HCH-Isomeren und den PCB nicht auf. Beim DDT hingegen sind die auf eine künstlich erzeugte höhere Konzentration folgenden Proben noch signifikant verfälscht. Diese Beobachtung deutet auf ein abweichendes Reaktionsverhalten des DDT hin. Dies zeigt sich auch bei den Wiederfindungstests. Die Wiederfindungsraten des

DDT liegen bei 75%, während die anderen untersuchten chlorierten Kohlenwasserstoffe nahezu quantitativ am Ende des Analysenganges nachweisbar sind. Die Nachweisgrenzen für die einzelnen Substanzen sind abhängig von der zur Verfügung stehenden Probemenge und in Tabelle 2 dargestellt.

Tabelle 1

Substanz	Konzentration ($ng \cdot l^{-1}$)	Peakhöhe (cm)	Substanzmenge ($x\ 10^{-12}$ g)
α-HCH	6,2	24460	727
HCB	0,02	142	2,9
β-HCH	0,83	993	98
γ-HCH	3,00	8953	352
δ-HCH	0,25	390	30
p,p'-DDE	0,032	83,2	3,7
p,p'-DDD	0,086	90,3	10,1
p,p'-DDT	0,14	230,5	17,0
PCB	3,93	–	461

Tabelle 2 Nachweisgrenzen in $ng \cdot l^{-1}$

	PCB	DDT	α-HCH	β-HCH	γ-HCH	δ-HCH	HCB
Tiefenproben (23,5 l)	0,6	0,03	0,01	0,02	0,01	0,01	0,005
Mikrofilmproben (2 l)	6	0,3	0,1	0,2	0,1	0,1	0,05

Zahlreiche Proben haben wir gleichzeitig mit gepackter Trennsäule (Gaschromatograph GCHF 18.3-4 des VEB Chromatron, nach Umbau) und mittels Kapillartrennsäule (Gaschromatograph 5880 A von Hewlett-Packard) untersucht. Einige Erfahrungen bei der Auswertung von Chromatogrammen mit gepackten Säulen vorausgesetzt, ergeben sich dabei gute Übereinstimmungen der Ergebnisse. Die Korrelation der Meßdaten zeigen die Tabelle 3 und die Abbildung 2 als ein Beispiel für die PCB-Auswertung.

Im Zeitraum 1980 bis 1984 konnten wir auf die beschriebene Weise mit dem Forschungsschiff „A. v. Humboldt" der AdW der DDR rund 420 Wasserproben aus der Ostsee, Nordsee, dem Nordatlantik und der Biskaya nehmen und auf die genannten Verbindungen im Spurenbereich untersuchen. Wir betrachten die auch inzwischen international anerkannten Ergebnisse, die wir in interdisziplinärer Zusammenarbeit zwischen den beiden Forschungsbereichen und -einrichtungen der AdW der DDR un-

Tabelle 3

Verbindung	Korrelations-koeffizient (r)	Konstanter Wert (A)	Regressions-koeffizient (B)
PCB	0,88	0,71	0,70
DDT	0,84	0,026	0,77
α-HCH	0,96	1,1	0,67
β-HCH	0,69	0,53	0,53
γ-HCH	0,94	0,51	0,73
δ-HCH	0,88	0,091	0,63
HCB	0,46	0,051	1,6

$y = A + Bx$ x = GC-Analyse mit Kapillarsäule (HP 5880 A)
y = GC-Analyse mit gepackter Säule (GCHF 18.3–4)

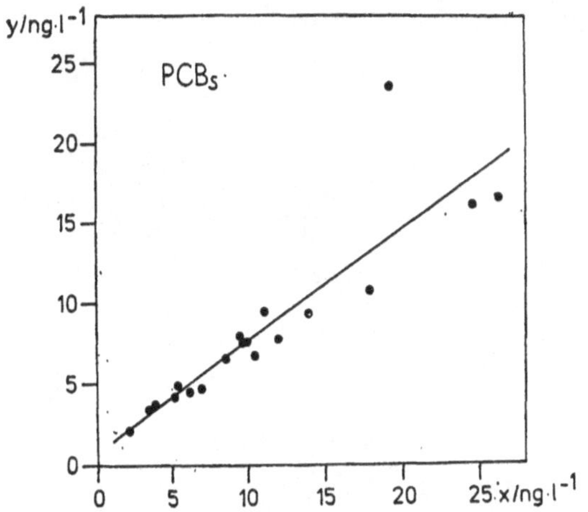

Abb. 2

ter dem rationellen Einsatz aufwendiger Forschungsmittel gewinnen konnten, als ein gelungenes Beispiel.

Ein Teil der Resultate wurde bereits in mehreren Vorträgen, Postern und Publikationen [10, 11, 12, 13, 14] dargestellt.

Literatur

[1] STUMM W., R. SCHWARZENBACH und L. SIGG: Angew. Chem. **95** (1983) 345–355.

[2] TÖLG, G. und R. P. H. GARTEN: Angew. Chemie **97** (1985) 439–448.

[3] I.O.C.: Scientific report of the intercalibration exercise, IOC Tech. Ser. 22, UNESCO 1982.

[4] Stadler, D. and K. Schomaker: Dt. hydrogr. Z. **30** (1977) 20.
[5] Garrett, W. D.: Limnol. Oceanogr. **10** (1965) 602.
[6] Welsch, Th., W. Engewald and Ch. Klaucke: Chromatographia **10** (1977) 22.
[7] Welsch, Th., R. Müller, W. Engewald and G. Werner: J. Chromatogr. **241** (1982) 41.
[8] Grob, K., Jr.: J. Chromatogr. **237** (1982) 15.
[9] Grob, K., Jr., and R. Müller: J. Chromatogr. **244** (1982) 185.
[10] Mohnke, M., K.-H. Rohde, P. Franz, L. Brügmann: Proc. 13th Conf. Balt. Oceanogr., Helsinki 1982, 548–562.
[11] Mohnke, M., P. Franz, L. Brügmann, K.-H. Rohde in: Instrumentelle Analytik in der Toxikologie (R. K. Müller), Leipzig 1983, 188–200.
[12] Brügmann, L., u.a.: Geod. Geophys. Veröff. R IV, Manuskript 1985.
[13] Mohnke, M., K.-H. Rohde, L. Brügmann, P. Franz: J. Chromatogr. (Manuskript 1985).
[14] Brügmann, L., K.-H. Rohde, M. Mohnke: Beiträge zur Meereskunde **53** (1985) 63.

ISBN 3-05-500 381-0
ISSN 0138-3965

FSC
www.fsc.org
MIX
Papier | Fördert gute Waldnutzung
FSC® C083411

Zeitfracht Medien GmbH
Ferdinand-Jühlke-Straße 7
99095 Erfurt, Deutschland
produktsicherheit@kolibri360.de